청소년을 위한 심오한 수학 보따리

위대한 수학자의
똑똑한 수학 풀이

북장단

위대한 수학자의 똑똑한 수학 풀이

초판 인쇄일 2023년 11월 27일
초판 발행일 2023년 12월 4일

지은이 우쥔
옮긴이 김미경
발행인 김영숙
신고번호 제2022-000078호
발행처 북장단
주소 (413-120) 경기도 파주시 회동길 445-4(문발동 638) 408호
전화 031)955-9221~5 팩스 031)955-9220
홈페이지 www.hyejiwon.co.kr
인스타그램 @ddbeatbooks
메일 ddbeatbooks@gmail.com

기획 · 진행 김태호
디자인 조수안
영업마케팅 김준범, 서지영
ISBN 979-11-983182-3-7
정가 16,800원

* 북장단은 도서출판 혜지원의 임프린트입니다. 북장단은 소중한 원고의 투고를 항상 기다리고 있습니다.

수업 시작합시다

우리는 수학을 지식이라고 생각하죠. 그래서 학생들은 수학 공식을 달달 외우는 것에만 집중합니다. 하지만 사실 오해입니다. 공식을 많이 외우려고 수학을 공부하는 게 아닙니다. 문제를 풀면서 생각하는 법을 배우기 위해 공부하는 것이죠. 수학적으로 생각할 줄 아는 사람은 일도 차근차근 잘하고 모든 일을 스스로 생각합니다. 나아가 다양한 관점에서 열린 생각을 하고 뒤집어서 생각할 줄도 압니다. 이런 사람은 하나를 가르치면 열을 압니다. 배운 것을 이리저리 잘 쓰니까 성적이 좋을 수밖에 없겠지요.

이 책은 인류 발전에 큰 영향을 끼친 수학 문제 40개를 담아, 문제의 풀이 과정을 알기 쉽게 이야기로 풀어냈습니다. 이야기 속의 수학자와 수학 원리가 인류 생활에 얼마나 큰 영향을 미쳤는지 배울 수 있을 것입니다. 우리는 수학자들이 문제를 풀어 가는 과정을 보면서 반짝이는 지혜를 배우고, 수학 발전의 역사에서 인류가 수학 원리를 탐구해 온 발자취를 살펴볼 것입니다. 이 책을 읽으면 수학의 눈으로 세상을 관찰하고, 수학의 머리로 세상을 생각하며, 수학의 언어로 세상을 표현하는 법을 배울 수 있습니다.

목차

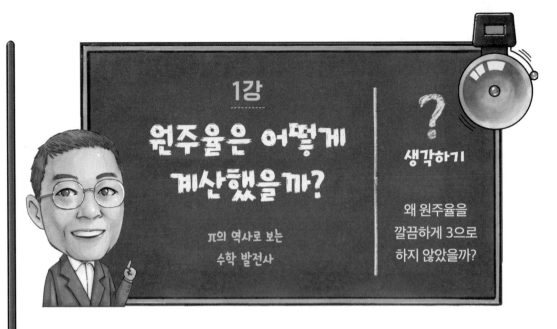

1강

원주율은 어떻게 계산했을까?

π의 역사로 보는
수학 발전사

생각하기 ?

왜 원주율을
깔끔하게 3으로
하지 않았을까?

원은 흔한 모양이다. 음식 접시, 자동차 바퀴, 나아가 하늘의 해와 달, 모두 원이다.
흔하디 흔하지만 원은 한편으로는 특별하다. 둘레와 넓이를 계산하기 까다롭다.

우리 중 배신자가 있어

인류가 원을 알고 이용한 역사는 무척 오래되었다. 먼 옛날, 수메르인이 메소포타
미아를 다스릴 때 바퀴를 발명한 것이 대표적이다. 하지만 원은 곧은 선으로 된 직사
각형이나 삼각형과는 다르게 둥글어서, 그 둘레와 넓이를 계산하기가 힘들었다.

초기 문명의 인류는 원둘레를 바보 같은 방법으로 힘들게 쟀다. 그러던 중 원이 크든
작든 **원둘레를 원지름으로 나누면** 비슷한 수가 나온다는 사실을 깨달았다. 그래서 이
신기한 숫자에 특별한 이름을 붙였는데, 바로 '원주율'이다. 아주 오랫동안 여러 나라의
수학자들은 저마다의 부호로 이 특별한 숫자를 표현했다. 그러던 도중 18세기에 이르러
수학자들이 쓰기 시작한 그리스 문자 π가 지금까지 쓰이게 된 것이다.

그렇다면 원주율 π는 얼마일까?

인류의 원주율 계산은 다섯 단계를 거치며 발전했다.

1단계: 직접 재다 — 측량

곡선도 직선으로 재면 돼.

초기에는 직접 재 보았다. 고대 이집트인은 재거나 미루어 짐작하거나 비교해서 근삿값 $\frac{22}{7}$(3.143…)를 구했다. 고대 인도인은 더 복잡하게 분수 $\frac{339}{108}$(3.139…)로 나타냈다. 다른 초기 문명에서도 원주율을 계산했다는 기록이 있다. 하지만 재는 법이 다 달라서 원주율 값도 제각각이었다. 여러 문명이 쓴 $\frac{22}{7}$를 빼고는 저마다 다른 값의 원주율을 썼다. 직접 재는 것이 인류가 원주율을 계산한 1단계였다.

2단계: 원둘레를 짐작하다 — 기하학

유클리드가 유클리드 기하학의 체계를 세운 뒤, 사람들은 원둘레가 원의 **내접다각형**과 **외접다각형** 둘레의 사잇값이라는 것과, 다각형의 변이 많아질수록 그 다각형의 둘레가 원둘레에 가까워진다는 사실을 깨달았다. 처음으로 수학적 방법으로 원주율 값을 구한 셈이다. 이런 방법을 쓴 사람은 바로 수학자 아르키메데스였다. 그는 변의 수가 매우 많은 내접다각형과 외접다각형의 둘레를 계산해 원주율 범위를 알아냈다. 그 결과는 $\frac{223}{71}$ ~ $\frac{22}{7}$, 즉 3.1408과 3.1429의 사잇

내접·외접다각형에서 변의 수가 많을수록 원둘레도 정확하게 나온다.

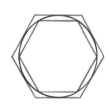

모든 꼭짓점이 원둘레 위에 있는 다각형을 원의 내접다각형이라고 한다. 한편 모든 변이 다각형 안에 있는 원에 닿으면 이 다각형을 원의 외접다각형이라고 한다.

아르키메데스

맞습니다. 내가 지렛대 원리, 도형의 표면적과 부피 계산법을 발견했어요. 아르키메데스 원리의 아르키메데스가 바로 나예요.

값이다. 그래서 원주율을 아르키메데스 상수라고도 부른다. 이후 기원전 150년경에는 천문학자 프톨레마이오스가 당시 가장 정확한 원주율 값 3.1416을 계산해 냈다. 300여 년 뒤에는 중국의 조충지祖冲之(남북조시대의 수학자이자 과학자)가 소수점 아래 일곱째 자리, 3.1415926~3.1415927까지 더 정확하게 계산했다. 기하학으로 π를 계산한 것이 2단계다.

14세기 이후 대수학이 발전하자 수학자들은 복잡한 **이차방정식**을 풀 수 있게 되었다. 그래서 아랍과 유럽 수학자들이 이차방정식으로 내접·외접다각형의 변의 수를 끊임없이 늘려서 원주율을 더 정확하게 계산해 냈다. 하지만 매우 복잡한 방법이었다. 예를 들어 1630

간단하게 설명하면 이차방정식은 미지수의 가장 높은 차수가 2인 방정식을 말한다.
예) $2x+3=5$는 일차방정식,
$x^2+2x+1=0$은 이차방정식

년, 오스트리아 천문학자 크리스토프 그리엔베르거는 원주율을 소수점 아래 38번째 자리까지 계산할 때 변의 수가 10^{40}개나 되는 다각형을 사용했다. 이는 내접·외접사각형으로 계산한 원주율의 세계 기록이다. 10^{40}은 어마어마하게 큰 숫자다. 지구에 존재하는 모든 바닷물을 물방울 단위로 센다고 해도 10^{28}개밖에 되지 않는다. 다각형의 변을 늘려 원주율의 정확도를 높이는 게 얼마나 어려운지 상상이 될 것이다. 다만 현재는 이 방법을 쓰지 않는다. 변의 수를 더 늘릴 수 없어서가 아니라, 그럴 필요가 없기 때문이다. 원주율을 계산할 수 있는 더 좋은 도구, 바로 수열을 찾는 것이다.

인류는 원주율 계산 3단계에 이르러 수열을 썼다. 계산은 무척 간단해졌다. 1593년 프랑스 수학자 프랑수아 비에트는 한 공식을 발견했다.

$$\frac{2}{\pi} = \frac{\sqrt{2}}{2} \cdot \frac{\sqrt{2+\sqrt{2}}}{2} \cdot \frac{\sqrt{2+\sqrt{2+\sqrt{2}}}}{2} \cdots$$

러시아 목제 인형 마트료시카 같네.

비에트의 공식에 따르면 원주율을 바로 계산할 수 있다. 보다시피 엄청 많은 인수를 곱하고 있다. 뒤의 인수는 분자에서 $\sqrt{2}$가 앞보다 하나 더 규칙적으로 늘어난다. 뒤로 갈수록 늘어나는 인수는 1에 가까워지고 곱하면 곱할수록 원주율은 정확해진다. 물론 계산기 없이 루트를 푸는 게 쉽지는 않다. 그래서 1655년 영국 수학자 존 월리스는 **제곱근**을 계산하지 않아도 되는 공식을 발견했다.

> 어떤 수 a를 두 번 곱해서 b가 될 때, a는 b의 제곱근이라고 말한다. 제곱근을 구할 때는 루트 기호인 근호를 씌워 계산한다. 거듭제곱을 거꾸로 계산하는 셈이다. 근호($\sqrt{}$)는 제곱근을 구할 때 씌우는 기호이다.
> 예) $(\pm 2)^2 = 4$, $\sqrt{4} = 2$
> (제곱근)

$$\frac{\pi}{2} = \left(\frac{2}{1} \times \frac{2}{3}\right) \times \left(\frac{4}{3} \times \frac{4}{5}\right) \times \left(\frac{6}{5} \times \frac{6}{7}\right) \times \cdots$$

이 공식을 쓰면 간단한 곱셈과 나눗셈으로 π를 계산할 수 있다.

4단계: 미적분 등장

원주율 따위에 무너질쏘냐.

뉴턴과 라이프니츠가 미적분을 발명하자 원주율 계산이 훨씬 더 간단해졌다. 뉴턴은 삼각함수의

$$\pi=3.14159265358979323846264338327950288419716939937510582097494459\cdots$$

역함수로 원주율을 소수점 아래 15번째 자리까지 가볍게 계산해 냈다.

이윽고 뉴턴 이후의 수학자들은 원주율 계산을 수학 연습쯤으로 생각하고 소수점 아래 수백 번째 자리까지 쉽게 계산했다. 이제 원주율을 소수점 아래 몇 자리까지 계산하는지는 그다지 대단한 일이 아니다.

5단계: 컴퓨터 이용

조 자리까지면 얼마나 길까요?

지금은 컴퓨터가 있어서 원주율을 소수점 아래로 원하는 만큼 아주 쉽게 계산할 수 있다. 예를 들어 2002년, 컴퓨터가 π를 소수점 뒤 조 자리까지 계산하기도 했다. 하지만 짚고 넘어가야 할 점이 있다. 컴퓨터로 계산할 때도 미적분을 쓴다는 사실이다.

원주율을 계산한 역사는 수학 발전사의 축소판이라고 보면 된다. 처음에는 직감과 경험으로 계산했고 이어서 기하학을 썼다. 그 뒤 대수학과 미적분을 쓰는 방법을 찾아냈다. 마지막으로 컴퓨터로 수학 문제를 푸는 법을 배웠다. 인류가 원주율을 계산하는 과정을 보면 수학 도구가 어떤 역할을 하는지 알 수 있다. 문제가 어려울수록 더 강력한 수학 도구가 필요했고, 인류는 이를 해결할 새로운 도구들을 찾아내 왔다.

그렇다면 인류는 원주율을 왜 그렇게 지치지도 않고 끈질기게 계산하려고 했을까? 그냥 소수점 아래 숫자가 무수히 반복되는 π 대신 근삿값 $\frac{22}{7}$를 쓰면 되지 않을까?

핵심만 말하면 현실에서 사용하는 원주율은 정확도가 굉장히 높아야 하기 때문이다. 산업 혁명 때 발명한 기계들은 원 관련 계산을 정확히 해야만 했다. 크게는 기차, 작게는 손목시계를 설계하고 만들 때도 원의 운동 속도와 주기를 정확하게 계산해야 한다. 천문학에서 지구의 자전과 공전 주기, 해, 달, 별의 위치를 계산할 때도 원주율이 필요하다. 원주율이 정확하지 않으면 작은 실수로 큰 문제가 생길 수 있다. 원주율은 현대 과학 기술 분야에서 더 넓게 쓰이고 있고, 그만큼 한치의 오차도 없어서는 안 된다. 예를 들어 휴대전화의 GPS도 정확한 원주율이 없으면 안 된다.

별거 아닌 π가 세상을 확 바꿨답니다.

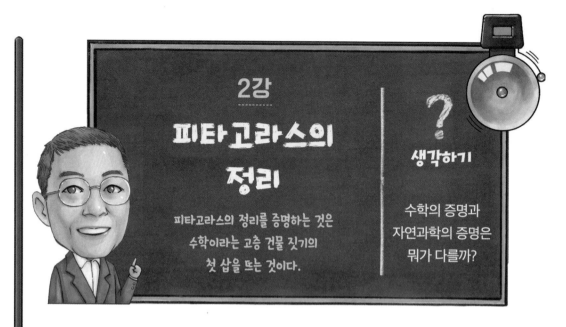

2강
피타고라스의 정리

피타고라스의 정리를 증명하는 것은
수학이라는 고층 건물 짓기의
첫 삽을 뜨는 것이다.

생각하기

수학의 증명과
자연과학의 증명은
뭐가 다를까?

누구나 한 번쯤 피타고라스의 정리는 들어 봤을 것이다. 직각삼각형의 두 직각변을 제곱한 값을 더하면 빗변의 제곱과 같다는 것이다.

초기 문명 사람들이 피타고라스의 정리를 알아 간 과정

이 글자들은 어떻게 읽을까요?

중국에서는 피타고라스의 정리를 구고(勾股) 정리라고 부른다. 옛날에 직각삼각형의 두 직각변을 '구(勾)'와 '고(股)'라고 불렀기 때문이다. 한나라 《주비산경周髀算經》(고대 중국에서 만들어진 천문 산술서)에는 기원전 1000년 주공과 상고가 '구삼고사현오(勾三股四弦五)'에 대해 이야기를 나누었다는 기록이 있다. 해석하면 삼각형의 두 직각변이 3과 4라면 빗변 길이가 5라는 뜻이다. 말 그대로 $3^2 + 4^2 = 5^2$이다.

피타고라스가 기원전 6세기 그리스의 수학자이니, 《주비산경》에 기록된 주공과 상고는 피타고라스보다 400~500년 정도 앞서서 피타고라스의 정리를 알고 있던 셈이다.

사실 그 이전에도 피타고라스의 정리는 여러 곳에서 이용되고 있었다. 주공과 상고보다 더 이른 기원전 1500년경에 고대 이집트인이 대피라미드를 만들 때는 **피타고라스의 수**에 따라 묘실 크기를 계산했다. 쿠푸왕의 대피라미드 중 파라오 묘실의 크기는 상당히 흥미롭다. 당시 이집트의 길이 단위에 따르면 묘실 높이는 정수가 아니지만, 길이, 너비, 측 벽의 대각선 길이 및 가장 먼 2개의 꼭짓점 간의 거리는 모두 정수다. 그리고 길이와 너비의 비율은 2:1이다.

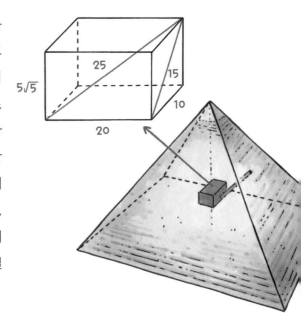

그보다 더 이전인 기원전 18세기 메소포타미아에서는, 고대 바빌론인이 이미 피타고라스의 수들을 많이 알고 있었다. 미국 컬럼비아대학의 플림프톤 소장품 중에는 피타고라스의 수가 가득 적힌 점토판이 있다. 이중 가장 큰 수는 12709, 13500, 18541이다. 당시 환경을 생각하면 정말 어려운 일을 해낸 것이다.

피타고라스의 수는 피타고라스의 세 쌍이라고도 한다. 직각삼각형의 세 변을 이루는 양의 정수로 3, 4, 5와 5, 12, 13 등이 있다.

고대인이 기록한 피타고라스의 수

중국, 이집트, 메소포타미아의 사례만 봐도 피타고라스 전에 꽤 많은 사람이 이 지식을 알고 있었다는 것을 알 수 있다. 그렇다면 수학계는 왜 이 정리를 '고대 이집트의 정리' 혹은 '메소포타미아의 정리'라고 부르지 않았을까?

이 모두가 어떤 현상을 종합한 규칙일 뿐이기 때문이다. 엄격하게 증명되지 않았으므로 가설일 뿐이지 '정리'라고 부를 수 없는 것이다.

수학은 왜 남다를까?

자연과학은 자연계의 여러 물질과 현상을 연구하는 과학이다. 예를 들어 물질의 형태, 구조, 성질 및 운동 규칙 등을 연구한다. 물리학, 화학, 생물학, 천문학, 지질학, 의학, 기상학 등이 있다. 자연과학은 우리 생활 곳곳에 큰 영향을 미친다.

이쯤에서 논리를 바탕으로 하는 수학과 실험을 바탕으로 하는 **자연과학**의 차이를 짚고 넘어가야겠다. 예를 들어 물리학, 화학, 생물학은 실험을 토대로 삼는 자연과학이다.

자연과학은 측량과 실험으로 결론을 얻는다. 반면 수학은 논리와 추리로 결론을 이끌어낸다.

과학 실험에서는 일정한 오차 범위 안에서 얻은 결론을 믿을 만하다고 본다. 예를 들어 한 각을 89.9도로 쟀다면 대충 직각이라고 여긴다. 하지만 수학에서 직각은 각도기로 재는 게 아니라 꼼꼼하게 증명해서 얻은 결과여야 한다. 수학은 왜 이렇게 까다로울까?

예를 하나 들어 보겠다.

작은 네모의 넓이를 1이라고 하면 왼쪽 정사각형의 넓이는 64다. 그림 안에 표시된 선대로 네 부분으로 잘라 보자. 그다음, 빨간색 사다리꼴 2개와 파란색 삼각형 2개를 합쳐 새로운 직사각형을 만든다. 신기하게도 그림으로 보면 이 직사각형의 넓이는 65이다.

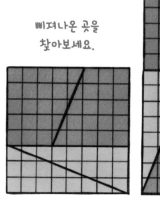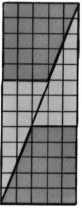

삐져나온 곳을 찾아보세요.

사실 오른쪽 직사각형은 조각이 딱딱 들어맞지 않아서 문제가 생긴다. 그 차이

위대한 수학자의 똑똑한 수학 풀이

가 너무 작아 눈에 띄지 않기에 완벽한 직사각형으로 보일 뿐이다.

이번에는 삼각형을 그려 보자. 높이를 3.5, 밑변을 4.5
로 하는 삼각형을 그리고 빗변을 자로 재면 대략 5.7이다.
자로 잰 결과와 실제 길이의 상대오차는 0.015%(사실 빗변
길이는 약 5.700877임)일 뿐이다. 평범한 자로는 이렇게
작은 오차를 알아차릴 수 없다. 그럼 이것을 '높이 3.5, 밑변
4.5, 빗변 5.7'이라고 말할 수 있을까? 아니다. 수학의 눈은
티끌 하나 차이도 지나치지 않는다.

아주 살짝 틀렸는데
다 망쳤어.

관찰한 결과가 깨달음을 줄 수는 있다. 하지만 관찰한
결과를 수학의 결론을 낼 근거로 쓸 수는 없다. 수학에서
의 결론은 경험을 통해 알아낸 결과를 종합해서 얻는 것이
아니라, 정의와 공리에서 출발하여 논리를 펼치고 엄격하게 증명해서 얻은 결과다. 수학은
빈틈이 없다. 정해진 조건에서 어긋나는 예가 하나만 나와도 결론을 확 뒤집을 수 있다.

오차를 무시하면 $a^2 + b^2 = c^2$이라는 결론이 나올 수 있을까? 수학에서는 불가능하다.
$3^2 + 4^2 = 5^2$은 하나의 예이다. 반면 $a^2 + b^2 = c^2$은 보
편적인 규칙이다. 각각의 예에서 보편적인 규칙을 얻
을 수는 없다.

> 만유인력의 법칙: 임의의 두 질
> 점(물체의 크기를 무시하고 질
> 량이 모여 있다고 보는 점)을 연
> 결한 선에는 서로 끌어당기는
> 힘이 있다. 이 인력의 크기는 두
> 질점의 질량의 곱에 비례하고
> 거리의 제곱에 반비례한다.

과학에서는 실험을 굉장히 많이 해서 같은 결과를 얻
었다면 그 결과가 유효하다고 결론 내릴 수 있다. 이런
결과를 '법칙'이라고 부른다. 하지만 정리는 아니다. 예
를 들어 **만유인력의 법칙**은 논리적으로 추론한 것이 아
니라, 현실의 예들을 종합해서 얻은 결론이다.

그리고 실험으로 검증한 법칙은 성립 조건이 있다. 만유인력의 법칙을 예로 들어 보겠다.

이미 아는 행성 운동의 궤적과 주기를 이용해 만유인력의 법칙이 항상 성립한다고 검증했다. 하지만 아인슈타인이 살던 시대에는 운동 속도가 너무 빠르거나 질량이 너무 크면 성립하지 않는다는 사실을 깨달았다. 이렇듯 자연과학의 결론은 자주 뒤집히고 원래의 결론이 보완되기도 한다.

반면 논리로 증명하는 '정리'에는 예외가 없다. 정리는 성립하거나, 성립하지 않거나 두 경우뿐이다. 성립했다가 성립하지 않았다가 하지 않는다. 따라서 수학이 발전을 이어가도 정리의 결론은 변하지 않는다.

소 100마리를 신에게 바친 피타고라스

피타고라스의 정리 역시 마찬가지이다. 삼각형의 두 직각변을 제곱한 값을 더하면 빗변의 제곱과 같다는 것을 맨 처음 논리적으로 증명한 사람이 피타고라스이기 때문에 피타고라스의 정리라고 부르는 것이다.

피타고라스의 업적은 과학과 수학 발전에 상징적 의미를 지닌다. 피타고라스는 그리스 사모스섬의 부잣집에서 태어나 아홉 살 때부터 세계 각지에서 과학과 문화를 공부했다. 당시 유명한 학자 탈레스와 아낙시만드로스, 페레퀴데스 등이 그의 선생님이었다.

우리가 그 대단한 피타고라스학파야.

이후 피타고라스는 파라오 아마시스 2세의 추천을 받아 당시 이집트의 최고 학술 기관인 신전에서 열심히 공부했다. 어린 나이에 집을 떠났던 그는 마흔을 넘기고 대학자가 되어 고향으로 돌아왔다.

피타고라스는 자신이 평생 공부한 내용을 후대에 물려주고 싶었다. 그래서 학교를 세우고 제자를 양성했다. 피타고라스와 제자들이 함께 지내며 밤낮으로 연구하여 정리한 피타고라스의 학설은 지중해 지역에서 널리 퍼지며 **피타고라스학파**를 형성했다.

피타고라스학파의 전성기는 기원전 531년경으로 정치, 학술, 종교를 아우르는 학파였다. '만물의 원리가 수'는 피타고라스학파 철학의 주춧돌이다. 그들은 수학 지식은 믿음직하고 정확하며 현실에 쓸 수 있다고 생각했다. 수학 지식은 순수한 생각으로 얻은 것으로 관찰할 필요도, 느낄 필요도, 일상에서 경험할 필요도 없다고 여겼다.

피타고라스학파는 후대 학자들에게 큰 영향을 미쳤다. 대학자 아르키메데스, 아리스토텔레스, 천동설을 내놓은 프톨레마이오스, 지동설을 내놓은 코페르니쿠스 모두 다 피타고라스의 영향을 받았다.

피타고라스가 이전의 학자들과 달랐던 점은 수학을 검증할 때 측정과 실험으로 결론을 얻은 게 아니라는 데 있다. 그는 한결같이 '전제를 가설하는 것'에서 출발하여 추론을 거쳐 결론을 얻었다. 피타고라스의 정리를 떠올려 보면 알 수 있다. 피타고라스는 사람들이 발견한 이 규칙을 엄격한 수학 명제로 생각했다. 수학 명제는 진실과 거짓을 분명히 판단할

정리들로 수학 건물을 지어야지.

수 있고 옳고 그름이 모호한 결론이 날 수 없다. 피타고라스는 무수히 많은 예에서 결과를 끄집어내지 않고, 논리적으로 꼼꼼하게 증명했다.

그리고 마침내, 피타고라스의 정리를 증명하고 무척 기뻤던 피타고라스는 위대한 발견을 축하하는 의미에서 신에게 소를 100마리나 바쳤다고 한다. 그래서 서양에서는 '소 100마리 정리'라고도 불린다.

피타고라스는 수학의 기준을 분명히 세웠다. 즉 철저한 논리에 따라 증명해야만 결론을 얻을 수 있다는 것이다. 문명 초기에는 천문학, 지리학, 물리학 등 관찰과 측량에 기대는 학문이 많았다. 피타고라스는 수학을 뛰어난 학문으로 만들었다. 피타고라스 이후 수학은 모든 기초 학문에 쓰이며 방법론 성격을 가진 특수한 학문으로 자리 잡았다.

전제에 문제가 없으면 결론은 절대 틀리지 않는다. 정확한 결론들 중 자주 쓰이는 것이 수학의 정리가 된다. 이런 정리들이 주춧돌과 벽돌처럼 차곡차곡 쌓여 수학이라는 고층 건물을 완성한다.

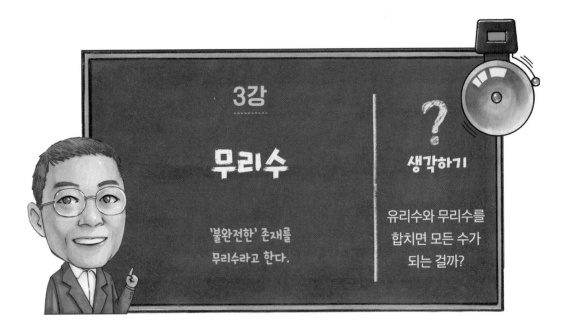

무리수

'불완전한' 존재를
무리수라고 한다.

생각하기

유리수와 무리수를
합치면 모든 수가
되는 걸까?

피타고라스의 정리가 논리적으로 증명되자 기쁨과 함께 당혹스러움도 뒤따랐다. 피타고라스의 정리에서 출발해 논리에 맞게 다시 추리하다 보니, 당시 인간의 이해를 뛰어넘는 수인 $\sqrt{2}$ 를 발견했기 때문이다. 즉 자신과 자신을 곱해서 2가 되는 수 말이다.

실수(實數)의 분류

실수
- 유리수
  - 정수
    - 양의 정수
    - 0
    - 음의 정수
  - 분수
    - 양의 분수
    - 음의 분수
- 무리수($\sqrt{2}$, π, e⋯)

$9, \dfrac{1}{2}, 0.272727\cdots$

$\sqrt{2}$ 는 정수도 아니고 분수도 아니다. 무한하면서 반복된 수가 순환하지 않는 소수(무한 비순환소수)로, 대략 1.41421356237이다. 무한하면서 순환하지 않는 소수에 대응하는 개념은 무한 순환소수이다. 예를 들어 1을 3으로 나누면 나오는 0.33333333⋯

유리수

$\sqrt{2} = 1.41421356237\cdots$

무리수

이 무한 순환소수이다. 무한 순환소수는 소수점 아래 어느 한 자리부터 숫자 1개 혹은 몇 개가 순서대로 끊임없이 반복된다. 그래서 일정한 규칙이 있다.

$\sqrt{2}$ 는 무한하지만 순환하지 않기 때문에 얼마인지 정확하게 말할 수 없다. 그렇다면 무엇을 근거로 $\sqrt{2}$ 가 존재한다는 것을 알까? 다시 피타고라스의 정리로 돌아가자.

자신과 자신을 곱해서 2가 되는 수

피타고라스의 정리는 모든 직각삼각형에 예외 없이 성립한다. 어떤 직각삼각형의 직각변 a와 b가 다 1이라고 하자. 그렇다면 빗변 c는 얼마여야 할까?

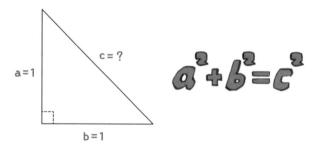

보다시피 빗변의 길이는 확실히 존재하는 어떤 수다. 이런 직각삼각형을 그릴 수 있기 때문이다. 피타고라스의 정리에 따르면 빗변 c의 제곱(c^2)은 a^2과 b^2을 더한 값, 즉 2여야 한다. 그렇기 때문에 c는 1과 2 사이의 값이다. 하지만 이 숫자는 당시 인류가 알고 있었던 유리수는 아니었다!

우리가 함께라면 완벽해.

피타고라스가 살던 시대에 인류가 아는 수는 딱 두 종류뿐이었다. 하나는 정수, 즉 1, 2, 3, 4…이고 다른 하나는 분수 $\frac{1}{2}$, $\frac{2}{3}$, $\frac{5}{4}$…였다. 정수와 분수는 둘 다 분수인 $\frac{p}{q}$로 나타낼 수 있다. 예를 들면 정수 2는 $\frac{2}{1}$로 쓸 수 있다. 이런 모양의 수를 전부 유리수라고 한다.

두 유리수는 서로 더하고 빼고 곱하고 나누어(분모가 0인 경우는 제외)도 여전히 유리수다. 이런 성질을 수학 연산의 폐쇄성이라고 한다. 이 폐쇄성 때문에 수학이 더 완벽해 보였다.

피타고라스에게는 괴짜 같은 생각이 있었다. 세상의 본질은 '수'이고 수학은 반드시 완벽해야 한다는 것이었다. 유리수의 폐쇄성은 피타고라스가 생각하는 완벽함에 딱 맞는 특성이었다. 유리수의 분자와 분모는 모두 정수이고 깔끔하게 떨어지는 숫자였다. 게다가 연산해도 여전히 폐쇄성을 잃지 않았다.

넌 누구냐?!

하지만 $\sqrt{2}$ 가 등장하면서 수의 완벽함이 와장창 깨졌다. $\sqrt{2}$ 는 $\dfrac{p}{q}$ 형태로 나타낼 수 없기 때문이었다. 사람들이 알고 있는 수의 범위를 넘어선 것이었다.

이쯤에서 궁금할지도 모르겠다. 왜 자신과 자신을 곱해서 2가 되는 분수가 없을까? 이 분수를 찾지 못하는 것은 우리 능력이 부족해서이지, 아예 존재하지 않는다는 말은 아니다. 침착하자. 지금부터 특별한 논리 도구인 '반증법'으로 $\sqrt{2}$ 가 존재한다는 결론을 증명해 보자.

반증법으로 무리수의 존재를 증명하다

먼저 자신과 자신을 곱하면 2, 즉 $r^2=2$가 되는 분수 r을 찾았다고 가정하자. r은 유리수의 성질을 가지니 $r=\dfrac{p}{q}$이다. 여기서 $\dfrac{p}{q}$는 약분한 분수라고 가정하자. 예를 들어 $\dfrac{10}{16}$ 을 약분하면 $\dfrac{5}{8}$가 되고 더 약분할 수 없다. 이때 p와 q는 동시에 짝수일 수 없다. 짝수는 2로 나누어떨어지므로 약분할 수 있기 때문이다. 즉 p와 q는 **서로소**인 정수여야 한다.

> 서로소란 1 이외에 공약수가 없는 수를 말한다. 예를 들어 2와 4의 공약수로는 1 말고 2도 있으므로 서로소가 아니다. 하지만 3과 8의 공약수는 1밖에 없으므로 서로소이다.

p와 q가 서로소여야 한다는 것을 기억하며 나아가 보자. 우리는 $r^2=\dfrac{p^2}{q^2}=2$, 즉 $p^2=2q^2$이라고 가정했다. 그렇다면 p는 분명 짝수이다. p를 홀수라고 가정한다면 p^2에 2라는 인자가 있을 수 없기 때문이다. 따라서 $p=2k$라고 가정할 수 있다. 그러면 위의 등식을 아래처럼 바꿀 수 있다.

$$(2k)^2=4k^2=2q^2$$

더 간단히 하면 다음과 같다.

$$2k^2=q^2$$

무엇이 이상하지 않은가? 위에서 p가 짝수임을 밝힌 것과 같은 이치로 q도 짝수임을 증명할 수 있다. q가 홀수라면 q^2에 2라는 인자가 있을 수 없기 때문이다. 이렇게 우리는 앞의 가설과 서로 모순되는 결론에 이르렀다. 앞에서 p와 q를 서로소라고 가정했는데, 둘 다 짝수라고 나왔다. 둘이 짝수면 서로소가 아니므로 분명 무엇이 잘못되었다. 대체 어디에서 잘못됐을까?

> 이런 모순이 생긴 이유는 세 가지밖에 없다.
> 1. 유도 과정에 문제가 있다.
> 2. 수학 자체에 문제가 있다. 예를 들어 피타고라스의 정리에 문제가 있거나 세상에 피타고라스의 정리에 맞지 않는 직각삼각형이 있다는 말이다.
> 3. 사람들이 잘못 알고 있었다. 유리수가 아닌 어떤 수가 있고 이 수를 제곱하면 2가 되는 것이다.

하나씩 확인해 보자. 유도 과정은 완벽히 논리적이므로 아무 문제가 없다. 그러므로 수학 자체에 문제가 있거나 사람들이 잘못 알고 있었던 것이다.

피타고라스의 정리는 철저한 논리를 거쳐 나왔으니 틀릴 리 없다. 남은 건 사람들이 잘못 알고 있었다는 사실밖에 없다. 다시 말해 알고 있었던 유리수가 아니면서 자신과 자신을 곱해서 2가 되는 수가 있다는 점이다. 바로 이 수를 $\sqrt{2}$라고 쓴다. $\sqrt{2}$는 무한하면서 순환하지 않는 소수로, 분수로 나타낼 수 없다. 사실 이런 수는 차고 넘친다. 나아가 유리수보다 더 많다. 사람들은 이런 수를 무리수라고 부르기로 했다.

무리수의 위기

피타고라스학파는 무리수를 발견하고도 비밀에 부치기로 했다. 그런데 제자인 히파소스는 $\sqrt{2}$가 유리수가 아님을 알고 피타고라스에게 말했다. 피타고라스는 수학을 종교와 신앙처럼 생각하고 완벽주의 강박이 있었기 때문에 수학에 완벽하지 않은 부분이

> 수학의 3차 위기는?
> 1차 무리수의 발견
> 2차 미적분 이론의 완벽성 의심
> 3차 러셀의 역설

있다는 점을 절대 받아들일 수 없었다. 피타고라스가 보기에 무리수는 옥에 티였다. 그렇다고 이 사실을 잘 설명할 수도 없었다.

그래서 피타고라스는 보고도 모르는 척하기로 마음먹었다. 히파소스가 이 문제를 꺼냈을 때 피타고라스는 제자를 바다에 던져 무리수를 발견한 사실을 감추기로 했다. 그야말로 눈 가리고 아웅이었다. 결국 무리수는 수학 역사에 1차 위기를 가져왔다. 사람들이 아는 유리수가 완벽하지 않은 사실이 드러난 것이다. 하지만 한편으로 무리수 덕분에 수학적 사고방식이 비약적으로 발전했다. 무리수를 계기로 인류가 아는 수에 한계가 있으므로 새로운 생각과 이론으로 수를 설명해야 한다는 점을 깨달았다.

왜 무한하지만 순환하지 않는 '불완전한' 수가 존재하는지를 두고, 수학자들은 무려 2000년이라는 긴 시간을 고민했다. 르네상스 시기의 그 이름도 찬란한 다빈치도 수년간 고민했지만, 이유를 정확하게 알지 못했다. 그래서 '이해할 수 없는 수', 즉 '무리수'라는 이름을 붙인 것이다.

17세기의 천문학자 요하네스 케플러도 같은 문제로 고민했지만 역시나 답을 찾지는 못했다. 케플러는 무리수를 '형용할 수

그런 이상한 숫자 얘기는 꺼내지도 마.

할 말도 없고 하고 싶지도 않고 있어도 안 해.

내 눈에 안 보이면 없는 거야.

없는 수'라고 불렀다. 19세기 후반에 가서 독일 수학자 리하르트 데데킨트가 수의 연속성 공리에서 출발하여 유리수를 써서 무리수가 존재할 수밖에 없음을 증명했다. 이때가 되어서야 비로소 2000년간 이어진 수학의 1차 위기가 끝난 셈이다. 아니었다면 무리수에 이상한 별명이 더 붙었을지도 모르겠다.

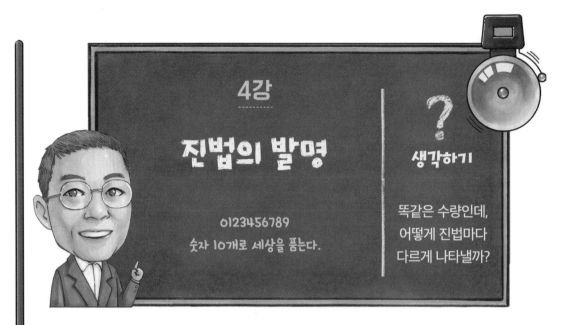

4강

진법의 발명

0123456789
숫자 10개로 세상을 품는다.

생각하기

똑같은 수량인데,
어떻게 진법마다
다르게 나타낼까?

1부터 숫자를 세기 시작해 보자. 10을 셀 때는 한 자리에서 두 자리로 바뀌면서, 9보다 1 많은 수를 '1'과 '0' 두 숫자의 조합으로 나타낸다. 이어서 11을 세면 '1'이 두 번 나온다. 이 두 '1'이 뜻하는 건 전혀 다르다. 왼쪽 1은 십의 자릿수, 오른쪽 1은 일의 자릿수라고 부른다. 9에서 10으로 넘어가면 일의 자리가 다시 0이 되고 십의 자릿수가 1이 된다. 이런 방법을 우리는 진법이라고 부른다. 진법, 즉 위치적 기수법은 정해진 위치에 따라 수를 세는 방법이다.

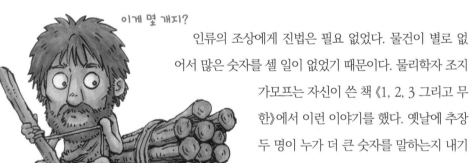

이게 몇 개지?

인류의 조상에게 진법은 필요 없었다. 물건이 별로 없어서 많은 숫자를 셀 일이 없었기 때문이다. 물리학자 조지 가모프는 자신이 쓴 책 《1, 2, 3 그리고 무한》에서 이런 이야기를 했다. 옛날에 추장 두 명이 누가 더 큰 숫자를 말하는지 내기 했다. 한 추장이 3을 말하자 다른 추장이 한참 생각하다가 말했다. "내가 졌소."

물건이 적을 때는 큰 숫자 개념이 없어서 3을 넘어가면 그냥 '많다'고 표현했다. 5와 6 중에 뭐가 더 많은지는 전혀 중요하지 않았다. 그렇게 많은 물건을 가질 일이 거의 없었으니까 말이다.

원시인이 수를 이해하는 법

원시인은 어떻게 수를 셌을까?

인류가 발전하면서 물건이 많아
지자 결국 수를 세야만 하는 때가
왔다. 원시인은 동물 뼈에 선을 새겼는데 선 하나가
1개를 의미했다. 아프리카 남부의 에스와티니에서
는 4만여 년 전의 레봄보 뼈(Lebombo Bone)가,
콩고에서는 2만 년 전의 이상고 뼈(Ishango Bone)가 발견됐다. 뼈 위에 새겨진 깊고 가지런
한 자국이 인간이 맨 처음 수를 셌던 흔적인 셈이다.

하지만 이 방법은 실수가 잦았
다. 선이 많아지면 헷갈렸기 때문에
한눈에 알 수 있는 셈 기호가 필요했
다. 예를 들어 칠판에 많이 쓰는 '바를
정(正)'자가 있다. 주로 득표수를 셀

벨기에 왕립 자연과학학술원에 보관된 이상고 뼈

때 쓰는 '정(正)'은 5를 뜻한다. 영어권 국가에서는 세로 작대기 4개에 가로 작대기 1개를 그어
1~5까지 셌다. 라틴어권 국가는 □ 모양으로 1~5까지 센다. 이런 것들이 모두 셈 기호이다.

일부 국가와 지역에서 사용하는 1~5 셈 기호

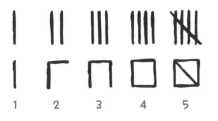

셈 기호와 지금 우리가 쓰는 숫자는 같은 개
념이 아니다. 셈 기호는 1개를 셀 때마다 한 획씩
그린다. 하나씩 대응하기에 몇 개인지 바로 알
수 있다. 반면 '1, 2, 3' 같은 숫자는 추상적이라
는 엄청난 차이가 있다. 한편 숫자는 어느 날 갑
자기 변하는 게 아니라 연속적으로 진화하기 때
문에 셈 기호의 특징을 가진 숫자가 아직도 남아 있다. 예를 들어 중국과 고대 인도 등의 동
양에서는 '1, 2, 3'을 가로획 수로 나타냈고 로마는 숫자 '1, 2, 3'을 세로획(Ⅰ, Ⅱ, Ⅲ)으로

표시했다. 메소포타미아의 쐐기 문자는 셈 기호의 특성을 그대로 갖고 있다.

	1	2	3	4	5	6	7	8	9
고대 인도의 숫자 1~9	一	二	三	十	ᚶ	ᛃ	ᒋ	ᑎ	ᒉ

10진법의 등장

그렇다면 지금의 숫자는 언제 등장했을까? 만들어진 시기는 아직 수수께끼지만 숫자는 진법의 발명과 함께 등장했다. 진법이 없었다면 큰 숫자를 표현하기 힘들었을 것이다. 1부터 10,000까지 세려고 10,000개의 각각 다른 숫자를 만들어 낼 수 있을까? 어려울 것이다. 하지만 진법 덕분에 10,000처럼 큰 숫자를 표현하는 데 숫자 '1' 1개와 '0' 4개만 있으면 된다. 현재 우리가 볼 수 있는 가장 오래된 숫자와 이 숫자를 나타내는 진법은 6600년 전에 생겼다. 당시 메소포타미아에는 60진법이 있었다. 그 뒤 6100년 전 고대 이집트에 10진법이 등장했다.

> 진법은 인류가 정한 셈 규칙이다. 흔한 10진법 말고 6진법, 7진법 및 11진법 등이 있다. 우리도 새로운 진법을 만들 수 있을까?

10진법은 무척 자연스럽게 등장했다. 사람 손가락이 8개, 12개가 아니라 10개이기 때문에 10진법을 쓰는 게 제일 편했다. 12의 정수 제곱, 예를 들어 12(12의 1제곱), 144(12의 2제곱), 1,728(12의 3제곱) 등은 딱 떨어지는 10진법의 10, 100, 1,000과 다르게 보기에도 편하지 않다. 물론 사람 손가락이 12개라면 12, 144, 1,728 등이 10의

> 10진법을 2진법으로 어떻게 바꿀까?
> 25를 2진법으로 나타내보자.
> 25÷2=12, 나머지 1
> 12÷2=6, 나머지 0
> 6÷2=3, 나머지 0
> 3÷2=1, 나머지 1
> 1÷2=0, 나머지 1
> 따라서 25를 2진법으로 나타내면 11001이다.

위대한 수학자의 똑똑한 수학 풀이

정수 제곱보다 친근하게 보일지도 모르지만 말이다(이해를 돕고자 12, 144, 1728을 10진법 숫자로 썼다는 점을 주의하길 바란다).

10진법은 0부터 9까지 10개 숫자로 모든 수를 나타낸다. 만약 12진법으로 수를 표현하려면 10과 11을 나타내는 부호가 2개 더 있어야 한다. 이 부호를 각각 a, b라고 한다면 0, 1, 2, 3, 4, 5, 6, 7, 8, 9, a, b라고 수를 셀 것이다. b 다음 숫자로 넘어가야 10진법의 10에 해당한다. 그리고 위의 자리 1은 9보다 1 많은 게 아니라, b보다 1 많은 것을 뜻한다. 12진법의 '10'은 10진법의 '12'를 뜻한다. 왼쪽 첫 자리 숫자의 뜻이 변했기 때문이다.

20진법과 60진법의 등장

인류 역사를 보면 10진법 말고도 여러 진법이 등장했다. 하지만 대부분은 쓰기 불편해서 없어졌거나, 지금까지 있다고 해도 거의 쓰지 않는다. 예를 들어 마야 문명은 20진법을 썼다. 손가락과 발가락을 함께 쓴 게 분명하다. 하지만 20진법은 너무 불편했다. 생각해 보자. 구구단을 1×1에서 19×19(총 361개)까지 외워야 하니 얼마나 괴로운 일인가! 20진법은 여러 문명에서 10진법과 함께 쓰였지만 결국 밀려났다.

메소포타미아의 숫자 1~59(왼쪽에서 오른쪽으로)

20진법보다 더 복잡한 것은 60진법이다. 60진법은 메소포타미아의 바빌로니아에서 생겨났다. 1에서 9까지 전부 아홉 세트의 비슷한 쐐기 문자가 반복된다. 그리고 10은 다른 쐐기 모양으로 표시했다. 그러므로 사실 메소포타미아의 60진법은 10진법과 60진법이 합쳐진 것이다.

20진법도 복잡한데 더 복잡한 60진법을 왜 만들었을까? 과연 제대로 사용할 수 있을까? 60진법을 사용한 데는 두 가지 중요한 이유가 있다.

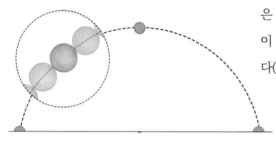

첫째, 날짜와 시간을 계산하기 위해서였다. 초기 농업이 모양새를 갖추자 인류는 매해 씨를 뿌리고 농작물을 거둘 알맞은 시기를 알아야 했다. 올해 춘분 전후로 씨를 뿌렸더니 풍년이었다면 내년에도 같은 시기에 씨를 뿌리고 싶을 것이다. 그래서 1년이 며칠 있는지 알아야 했다. 바빌로니아인들은 하늘과 태양을 관측했다. 그 결과, 1년이 360일을 주기로 한다는 사실을 알아냈다(실제는 365일이지만 당시에 이렇게 근접한 값을 알아냈다는 사실이 대단하다). 따라서 태양의 모양이기도 한 원은 360도로 나누면 합리적이었다.

물론 바로 360을 진법 단위로 사용하기엔 수가 너무 컸다. 한 달인 30일이나 30일의 2배인 60일을 진법 단위로 삼는 게 더 좋은 방법이었다. 그중 60을 단위로 사용한 것은 바로 두 번째 이유, 60이라는 숫자의 특별함 때문이었다. 60은 100 이하수 중 약수가 가장 많은 정수이다. 1, 2, 3, 4, 5, 6, 10, 12, 15, 20, 30, 60으로 나누어떨어진다. 그래서 60개라 하면 모두에게 나눠 주기에 좋은 숫자였다.

훗날 메소포타미아의 60진법은 고대 그리스로 전해졌다. 그래서 오늘날 기하학에서 각도를 재거나 물리에서 시간을 잴 때는 60진법을 사용하게 되었다. 기하학에서 1도는 60분, 1분은 60초이다. 시간에서 1시간은 60분, 1분은 60초이다. 우리가 당연하게 생각했던 시분초가 사실 60진법에서 유래한 것이다.

16진법과 양팔 저울

동양이든 서양이든 무게를 잴 때는 16진법을 사용했다. 옛날에는 양팔 저울을 써서 양쪽으로 나눠 무게를 쟀다. 중국의 1근은 16량, 영국의 1파운드는 16온스이다. 이는 뉴욕증권거래소의 호가에도 영향을 미쳤다. 2000년 무렵까지도 뉴욕증권거래소에서는 1달러의 $\frac{1}{2}, \frac{1}{4}, \frac{1}{8}, \frac{1}{16}$ 이런 식으로 호가했다. 그러다가 이 방식이 너무 불편해서 나스닥의 0.01달러를 최소 단위로 호가하는 방법으로 바꾼 것이다.

옛날에는 기술적 한계로 무게를 정확하게 재기 힘들었다. 그나마 양팔 저울을 사용하는 게 실용적이었다. 양팔 저울에 무게가 1량兩(50g)인 저울추를 달고 다른 한쪽에 무게가 1량인 물건을 놓으면 됐다. 그리고 저울추와 물건을 한쪽에 놓고 무게가 2량인 물건을 잴 수 있었다. 이런 식으로 4량, 8량, 16량을 잴 수 있었다.

2진법은 《역경易經》에서 생겼다

오늘날 사용하는 여러 진법은 삶에 필요해서 자연스레 생겨났으며 진화를 거듭한 결과다. 하지만 현재 널리 쓰이고 있는 2진법은 인위적으로 발명한 것이다. 2진법을 발명한 사람은 그 이름도 유명한 수학자 **라이프니츠**다. 라이프니츠는 동양 문화에 열광했는데, 1685년 프랑스 예수회의 선교사로 중국에 파견된 조아킴 부베가 가져온 《역경易經》에서 팔괘도를 보았다. 라이프니츠는 중국인이 양효(陽爻, -)와 음효(陰爻, --)를 조합해 64가지 부호를 나타낸 것에서 아이디어를 얻었다. 그는 음효를 0, 양효를 1로 바꿨다. 그리고 000000~111111로 팔괘도의 64개 괘를 표현했다. 나아가 10진법 숫자를 0과 1의 조합으로 바꿨는데 이것이 바로 2진법이다. 라이프니츠는 2진법으로 사칙연산을 하는 방법도 개발하여 0과 1을 기반으로 한 완벽한 산술 체계를 내놓았다.

동양은 참 신비해!

오늘날 2진법은 컴퓨터 언어로 쓰인다. 2진법이 10진법보다 기계나 회로로 나타내기 쉽기 때문이다. 사실 0과 1은 맞고 틀림을 뜻한다. 영국의 중학교 수학 선생님이었던 조지 불George Boole은 2진법을 써서 계산하는 것을 연구했다. 그는 일련의 논리 부호로 2진법의 논리 연산을 표현해 냈다. 미국 과학자 클로드 섀넌은 불 대수를 전기 회로로 구현할 수 있음을 증명했다. 조지 불과 클로드 섀넌은 2진법을 이용한 컴퓨터 응용에 크게 이바지한 사람들이다.

라이프니츠가 직접 쓴
2진법 계산 원고

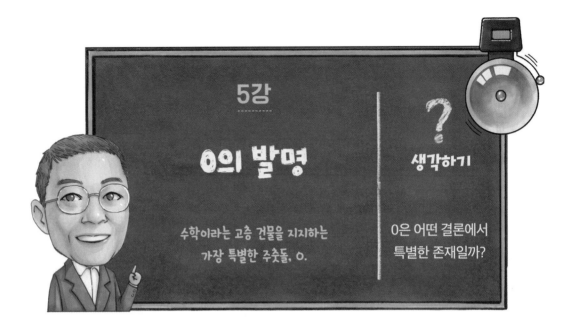

0의 발명

수학이라는 고층 건물을 지지하는
가장 특별한 주춧돌, 0.

생각하기

0은 어떤 결론에서
특별한 존재일까?

숫자와 진법이 생기자 몇 개의 부호만으로 한없이 많은 수를 나타낼 수 있었다. 문명이 이 단계까지 발전하자 추상적 개념을 생각하는 능력이 생겼다. 인류는 이를 기반으로 산술을 만들고 나아가 수학과 자연과학이라는 큰 건물을 지었다. 수학이라는 건물의 기반, 그중 하나로는 0이 있다.

사실 모든 초기 문명의 기수 체계에 숫자 0이 다 있는 것은 아니다. 메소포타미아, 고대 이집트, 고대 그리스가 대표적이다. 이 문화권에서는 0이 없었기에 수를 세고 계산하는 게 무척 불편했다. 예를 들어 0이 있는 아라비아 숫자로 덧셈을 하면 아주 쉽다. '10+21'을 한다고 하면 10과 21을 위아래 두 줄로 쓴 다음, 일의 자리는 일의 자리끼리 더하고 십의 자리는 십의 자리끼리 더해 주면 된다.

하지만 세로식을 '십＋이십일'이라고 적으면 까다로워진다. 줄을 맞춰 계산할 수가 없기 때문

세로식

십
더하기 이십일

？？？

$$\begin{array}{r} 10 \\ +\ 21 \\ \hline 31 \end{array}$$

이다. 그래서 수를 세고 계산할 때 0은 굉장히 중요하다.

0의 유래

왜 메소포타미아, 고대 이집트, 고대 그리스 사람은 0이라는 숫자를 생각하지 못했을까? 숫자를 발명하여 수를 세려면 물건이 있어야 하는데. 물건이 없으면 셀 필요가 없었기 때문이다.

사원 벽에 새겨진 숫자 0

인류가 0을 발견한 것은 다소 늦은 시점이었다. 현재까지 0에 대해 분명히 기록한 사료 중 가장 오래된 것은 9세기의 사료다. 인도 중앙의 마디아 프라데시주 괄리오르의 작은 사원 벽에서 최초의 0을 볼 수 있다.

0의 유래

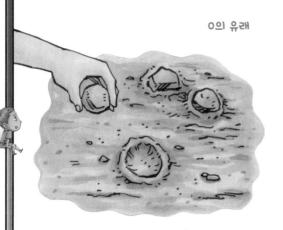

왜 인도인이 0을 발명했을까? 보통 두 가지 이유를 든다.

첫째, 고대 인도인의 셈 표기 방식과 관련이 있었기 때문이다. 인도인은 돌을 모래흙에 올려 두며 수를 셋다. 돌을 다 가져가면 모래 위에 동그란 흔적이 남았는데, 이 동그란 자국이 숫자 0이 되었다는 설이다.

둘째, 고대 인도인의 베다(Veda) 문화와 관련이 있다. 이 설명이 더 널리 받아들여진다.

기원전 1500년경에서 기원전 1100년 사이에 중앙아시아 초원의 유목 부족이 남아시아 아대륙(亞大陸)까지 내려왔다. 유목 부족은 자신을 **'아리아인'**이라고 불렀다. 아리아인은 산스크리트어로 '정복자'라는 뜻이다. 아리아인은 인도를 정복했으며, 이때 자기 문화와 현지 문화를 합쳐서 새로운 문화인 베다 문화를 만들었다.

> 아리아인은 본래 우랄산맥 남부 초원에 살던 유목 민족이다. 기원전 약 14세기에 남아시아 아대륙 서북부까지 내려왔다. 그들은 드라비다족을 쫓아내고 베다 문화와 카스트 제도를 만들었다.

베다는 산스크리스트어로 '지식'이라는 뜻이다. 베다 문화에서는 학문을 연구하고 제사를 지내는 사람의 신분이 높았다. 삶이 기도와 제사를 중심으로 돌아가기에 관련된 행동 규범을 《베다》 경전에 적었다. 《베다》에는 아리아인의 우주관, 종교 신앙과 인생 태도가 담겨 있다. 고대 인도인은 우주 안의 모든 것에 하나의 본원 주체, 즉 본체(本體)가 있다고 믿었다. 본체는 여러 불교 경전 두루마리에서 다양한 신으로 묘사되었다. 《베다》에 따르면 우주의 핵심은 공(空)과 환(幻)이다. 다시 말해 우주 자체가 비어 있고(공), 우리가 보는 것은 그저 환상(환)일 뿐이며 만물이 공(空)에서 온다는 뜻이다.

인도인은 베다 시대부터 신의 방식을 경건하게 대하고 우주의 진리를 추구했다. 하지만 인도인이 지식을 탐구하는 방식은 다른 문명들과 확연히 달랐다. 메소포타미아와 고대 이집트인은 관찰을 통해서 세상을 이해했다. 그들의 기하학과 천문학도 이렇게 탄생했다. 고대 그리스 문명 시기에 아리스토텔레스는 앞선 사람들이 이루어 놓은 과학 연구 방법론을 한데 묶고 세상을 관찰해서 지식을 얻는 방법을 정리했다. 하지만 고대 인도인은 바깥세상에서 해결법을 찾지 않고 내면을 강조했다. 인도의 지식인들은 끊임없는 수행으로 **'허무'**에 대해 명상하고 세상을 이해했다.

인도 문화에서 허무는 열린 개념이다. 우리가 흔히 생각하는 '없다'는 것과는 다르다. 세상 만물의 시작점에 가깝다. 훗날 인도를 발상지로 하는 불교와 힌두교는 허무를 교리로 삼았다.

그리스와 인도 문명권의 이러한 인식 차이를 잘 나타내는 이야기가 있다. 인도의 신화학자 **데브두트 파타나이크** Devdutt Pattanaik가 강연에서 알렉산더 대왕과 인도 수행자가 나눈 대화를 소개했다. 세상을 정복한 알렉산더 대왕이 수행자가 벌거벗은 채 바위 위에 앉아 멍하니 하늘을 바라보는 모습을 보고 물었다.

중국에서 기원한 도가(道家) 사상에도 '허무' 개념이 있다.

"이름 없는 것은 모든 것의 근원이고, 이름 있는 것은 만물의 어머니이다."

"있는 것과 없는 것은 서로 생겨나고, 어려움과 쉬움이 서로 도와 일을 완성하고, 긴 것과 짧은 것이 서로 모양이 되고, 높음과 낮음이 서로 가득하고, 홀소리와 닿소리가 서로 어울리며, 앞뒤가 서로 따른다."

도가 사상이 유와 무의 관계에 더 치중했을 뿐이다.

"뭐 하는 겁니까?"

뒤이어 수행자가 말했다. "허무를 느끼고 있습니다. 당신은 무엇을 하고 있습니까?"

알렉산더 대왕은 다음과 같이 말했다. "세상을 정복하는 중이오."

둘 다 웃었다. 서로가 삶을 낭비하는 멍청이라고 생각했기 때문이다. 그리스 문명권에서 살아온 알렉산더 대왕에게는 현실만이 진짜

였고 소유하는 것이 중요했다. 하지만 인도 수행자는 허무를 탐구함으로써 세상을 이해할 수 있었다. 이러한 인도 문화에서 0은 반드시 있어야 하고 다른 숫자를 만드는 중요한 도구였다.

0과 무한대

고대 인도의 수학자이자 천문학자 브라마굽타는 7세기에 0과 관련한 기본 규칙을 정리했다. 예를 들면 아래와 같다.

$$1+0=1 \qquad 1-0=1 \qquad 1\times0=0$$

하지만 $1\div0$에서 벽에 부딪혔다. 어떤 수를 0으로 곱해야 1이 될까? 이를 고민하다 새로운 수학 개념이 발명되었다. 그것이 바로 무한대였다.

결국 얻은 건 수박즙이군.

무한대 개념을 맨 처음 생각해 낸 사람은 12세기 인도 수학자 바스카라였다. 바스카라는 0과 무한대의 관계를 이렇게 설명했다.

"수박을 반으로 쪼개면 두 조각이 되지만 크기는 반으로 준다. 이것을 세 등분하면 세 조각이 된다. 자를수록 조각 수는 많아지고 크기는 작아진다. 마지막에 조각 수는 무한대로 많아지지만 크기는 0이 된다."

그래서 바스카라는 이런 결론에 이르렀다. 1을 무한대로 나누면 0이고 1을 0으로 나누면 무한대라는 것이다.

인도 수학자 눈에 0은 단순히 '없다'가 아니었음을 알 수 있는 대목이다.

0과 음수

인도 수학자들은 0에서 앞으로 계속 가다가 0보다 작은 수의 개념을 깨달았다. 1에서 1을 빼면 0이다. 그럼 1에서 2를 빼면 어떻게 될까? 답은 '없다'가 아니라 1보다 작은 수여야 한다는 것이다. 628년 브라마굽타는 《브라마스푸타 싯단타》라는 책을 완성하여 음수 개념과 음수의 사칙 연산 규칙을 내놓았다.

아라비아 숫자의 유래

수학 역사에서 숫자 0의 등장은 인류에게 비약적인 깨달음을 주었다. 0과 함께 등장한 것이 우리가 쓰고 있는 아라비아 숫자 체계이다. 0이 생기자 큰 장점이 생겼는데, 일, 십, 백, 천, 만으로 수의 단위를 늘리는 게 무척 쉬워졌다는 점이다.

아라비아 숫자는 '아라비아'라는 이름을 쓰고 있지만 사실 인도인이 발명했다. 흔히들 아라비아 숫자의 원형은 기원전 인도에서 발명된 브라흐미 문자라고 생각한다. 하지만 브라흐미 문자와 지금의 아라비아 숫자는 거리가 한참 멀다. 아라비아 숫자가 퍼지게 된 것은 630년, 이슬람 제국이 세워지고 그 세력을 인도까지 넓혀 가며 시작되었다. 인도에 도착한 아라비아인은 인도의 선진적 기수법을 바로 받아들였다. 처음에 받아들인 인도 숫자에는 0이 없었다. 773년에 이르러 인도 천문학자가 브라마굽타의 저서를 바그다드에 가져가서 아랍어로 옮겼다. 아라비아 수학자가 이 책을 연구하고 《인도의 계산법》이라는 책을 출간했다.

《인도의 계산법》은 인도인이 발명한 숫자 10개를 어떻게 사용하는지, 이 숫자가 얼마나 중요한지 알렸다. 그때 주변 문명들이 앞서 나가는 아라비아 문명을 배워 갔다. 이렇게 인도에서 유래된 기수법이 유럽과 북아프리카로 전해졌다. 어쨌든 유럽인은 아라비아인에게서 편리한 기수법을 배웠으므로 '아라비아 숫자'라고 이름을 붙인 것이다. 훗날 르네상스가 일어나고 유럽 문명이 강해지자, 다른 문명도 유럽인을 배우려고 했고 '아라비아 숫자'라는 이름에 전 세계인들이 익숙해졌다.

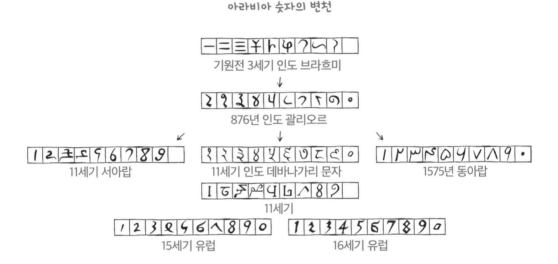

아라비아 숫자의 변천

기원전 3세기 인도 브라흐미

876년 인도 괄리오르

11세기 서아랍

11세기 인도 데바나가리 문자

1575년 동아랍

11세기

15세기 유럽

16세기 유럽

초기의 아라비아 숫자와 지금 우리가 쓰는 숫자는 모양이 약간 다르다. 수백 년의 변화를 거쳐 16세기가 되어서야 지금과 같은 모습을 갖췄다.

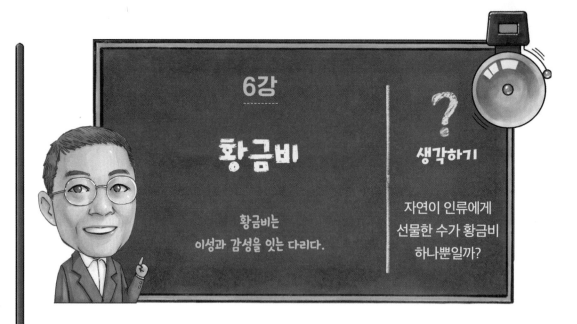

황금비

황금비는
이성과 감성을 잇는 다리다.

자연이 인류에게
선물한 수가 황금비
하나뿐일까?

수학, 음악, 예술은 서로 통하는 부분이 있다. 그런데 사람들은 이 사실을 놓치고, 심지어 수학을 잘하는 사람은 미적 감각이나 예술 세포가 부족하다고 생각하고는 한다. 사실 우리가 뭔가를 아름답다고 느끼거나, 어떤 음악이 듣기 좋다고 생각하는 것은 특별한 비율이 있기 때문이다. 비율은 수학 개념이자 수학과 미술을 이어 주는 다리 역할을 한다. 여러 비율 중에 특히 우리의 눈과 마음을 즐겁게 해 주는 것이 바로 황금비이다.

먼저 다음 그림에서 황금비를 느껴 보자.

아크로폴리스의 파르테논 신전

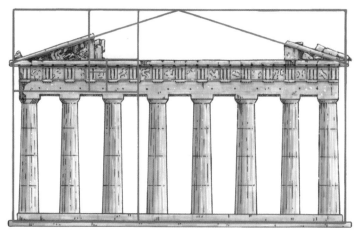

건축사와 예술사에서 아크로폴리스의 파르테논 신전은 중요한 의미를 지닌다. 파르테논 신전의 겉모습이 상당히 아름답기 때문이다. 아름다움의 비밀은 파르테논 신전의 비율에 있다. 정면의 너비와 높이, 기둥 높이와 처마 높이의 비율이 모두 1 : 0.618이다. 이것이 바로 황금비이다.

0.382

0.618

비너스 조각상

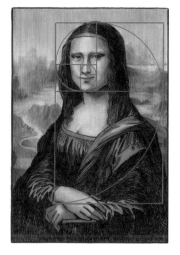

모나리자

파르테논 신전 말고도 황금비인 건축이나 예술 작품은 많다. 밀로스섬의 아프로디테 조각상(일명 비너스 조각상)의 높이와 다리 길이의 비율, 다리와 상반신의 비율이 모두 황금비이다. 다빈치의 명화 모나리자의 상반신과 머리의 비율, 얼굴 길이와 너비의 비율도 마찬가지다.

왜 황금비가 보기 좋을까? 황금비의 아름다움은 도형의 유사성에서 온다. 황금비 1 : 0.618이 어떻게 생겼는지 살펴보자.

황금비는 어디에서 왔을까?

길이(X)와 너비(Y)가 황금비인 직사각형이 있다고 가정하자. 이 직사각형에서 가위로 한 변이 Y인 정사각형(빨간색 정사각형)을 잘라내고 남은 직사각형의 길이와 너비의 비율도 여전히 황금비이다. 여기서 또 정사각형(노란색 정사각형)을 잘라내도 남은 빨간색 직사각형의 길이와 너비 역시 황금비이다. 다시 말해 계속 잘라내도 남는 직사각형의 길이와 너

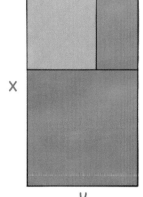

X

Y

황금비를 이루는 직사각형.
내접 정사각형을 자르고
남은 부분도 황금비이다.

비의 비는 황금비를 이룬다는 의미이다.

황금비의 이런 성질에 따라 X와 Y의 관계를 쉽게 알 수 있다.

$$\frac{X}{Y} = \frac{Y}{X-Y}$$

이 방정식을 풀면 아래 값을 얻을 수 있다.

$$\frac{X}{Y} = \frac{\sqrt{5}+1}{2} \approx 1.618(\approx : \text{거의 같음을 의미하는 근삿값 기호})$$

황금비는 무리수로 무한 비순환 소수이다. 일반적으로 소수점 아래 셋째 자리까지 써서 1.618이라고 한다. 물론 너비와 높이의 비율을 보면 0.618이다. 어떨 때는 1.618, 어떨 때는 0.618이라고 하는데, 사실은 같은 것이다.

뒤에 배울 수열, 특히 피보나치수열 1, 1, 2, 3, 5, 8, 13, 21, 34…를 보면 세 번째 항부터는 앞 두 항의 합인 사실을 알 수 있다.
피보나치수열에서 이웃하는 두 항의 비율(뒤 수와 앞 수의 비)은 점점 더 황금비에 가까워진다. 이런 필연적 관계는 수학의 규칙성을 보여 준다. 즉 다양한 현상이 수학이라는 체계 속에서 통일된다는 사실이다. 많은 사람이 이를 수학의 아름다움이라고 생각한다.

수학을 모르면 훌륭한 음악가가 아니다

그렇다면 맨 처음 황금비를 발견한 사람은 누구일까? 고대 이집트인일 가능성이 크다. 그들은 4500년 전에 황금비를 알아냈다. 대피라미드의 앞 절단면의 빗변 길이와 피라미드 높이의 비율이 황금비인 1.618이기 때문이다. 사실 대피라미드와 옆의 두 피라미드의 모양과 배치도 굵직한 비율은 다 황금비를 이룬다. 하지만 경험으로 이 신기한 비율을 알았지, 황금비를 구하는 공식을 찾았다는 근거는 없다.

위대한 수학자의 똑똑한 수학 풀이

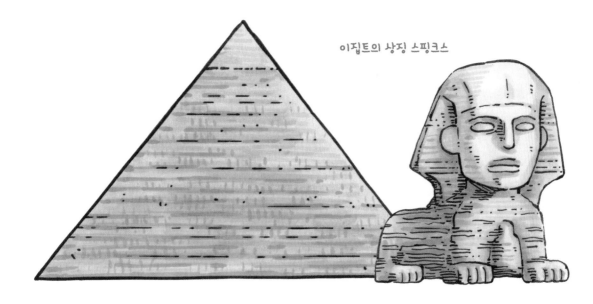

이집트의 상징 스핑크스

사람들은 황금비 공식을 피타고라스가 계산했다고 생각한다. 어느 날 피타고라스는 대장장이가 쇠를 내리치는 소리가 조화롭고 듣기 좋다고 생각했다. 그래서 이 소리를 연구해서 황금비를 연구했다고들 한다. 하지만 이 이야기는 근거가 부족하다. 피타고라스학파 사람이 정오각형과 오각 별 모양을 그리다가 황금비를 발견했다는 설이 더 인정받는 편이다. 피타고라스학파는 오각 별을 떠받들어 오각 별, 정오각형, 정십각형을 진지하게 연구했다. 정오각 별의 이등변삼각형에서 한 변과 밑변의 비율이 황금비인 1.618이다.

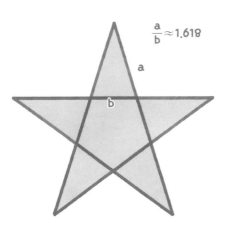

정오각형의 이등변삼각형에서 한 변과 밑변의 비율이 황금비를 이룬다.

피타고라스가 쇠를 내리치는 소리에서 수학적 영감을 받았는지는 증명할 수 없다. 하지만 피타고라스학파가 수학으로 음악을 이끈 것은 사실이다.

피타고라스 전의 사람들은 음악을 판단하는 객관적인 기준이 없었다. 그냥 자기가 어떻게 느끼는지에 맡겼다. 운 좋게 잘 맞으면 듣기 좋고 음이 살짝 이탈하면 조화롭지 않게 들렸다. 하지만 더 나아지게 할 방법을 몰랐다. 이런 와중에 피타고라스는 맨 처음으로 수학을 이용해서 음악 규율을 찾았다. 그는 사람을 흥겹게 하는 음악을 만들려면 아무렇게나 음계를 선택하는 게 아니라, 수학 비율에 따라

설계해야 한다고 생각했다. 그래서 훗날 사용되었던 7음계를 만들었다. 이를 피타고라스 음계라 하는데 1, 2, 3, 4, 5, 6, 7, i이다. 피타고라스 **음계**에서는 1부터 i까지 주파수가 2배 늘어난다. 이것이 오늘날의 배음이다. 이웃한 음 간의 주파수 비율은 정해져 있다. 정해진 비율이 생기자, 작곡하고 악기를 만드는 기준이 마련되었다.

어디에나 있는 황금 비율

황금비에는 기하학의 유사성, 음악과 예술의 미적 감각과 더불어 자연계의 물리적 특징도 담겨 있다. 다음 그림의 직사각형을 계속 오린다고 가정하자. 오려낸 정사각형의 변 대신 원호를 그리면 나선이

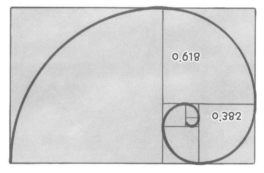

1.618

0.618

0.382

황금비율인 등각 나선

생긴다. 나선이 같은 각도로 움직이기 때문에 원호들은 다 같은 비율이다. 그래서 이를 등각 나선이라고 한다. 달팽이 등껍질과 매우 비슷하지 않은가?

달팽이 등껍질뿐 아니라 태풍의 모양과 은

하계 형태도 황금비를 이루는데, 우연이 아니다. 무엇이든 중심에서 출발해 같은 비율로 커지면 나선 모양이 된다.

태풍의 구름 사진도 황금비

황금비가 자연의 본질을 담고 있기에 더 친근하고 아름다운지도 모르겠다.

거대한 은하계도 황금비

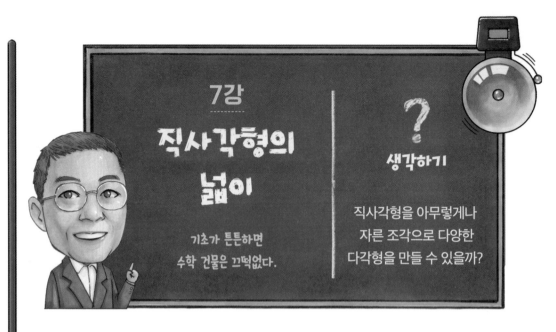

7강

직사각형의 넓이

기초가 튼튼하면
수학 건물은 끄떡없다.

?
생각하기

직사각형을 아무렇게나
자른 조각으로 다양한
다각형을 만들 수 있을까?

여러분도 간단히 도형의 넓이를 구할 수 있을 것이다. 넓이는 자주 쓰이는 기하학 지식이다. 사실 문명이 발전하는 과정에서 인류가 맨 처음 연구하고 발견한 기하학 지식이 바로 넓이 계산이었다. 왜 그럴까? 농사를 짓고 도시를 세우는 데 넓이를 아는 것이 중요했기 때문이다.

측량하는 거지, 줄다리기가 아니야.

넓이 계산은 토지 측량에서 시작됐다

나일강 하류는 인류 초기 문명의 요람이다. 기원전 6000경 년부터 이곳에 농민들이 정착하기 시작했다. 나일강은 매해 범람했고 농민들은 물이 휩쓸고 간 땅에

나일강은 길이가 무려 6670km에 달하는 세계에서 가장 긴 강이다. 백나일(White Nile)과 청나일(Blue Nile) 두 지류가 있다. 이집트 문명이 바로 이곳, 땅이 기름진 나일 삼각주 지역에서 탄생했다.

씨를 뿌렸다. 물이 범람하면서 농지는 더 비옥해졌지만, 밭의 경계가 파묻혀 버렸다. 그래서 해마다 밭부터 강가까지의 거리와 자기 밭의 넓이를 다시 측량해야 했다.

고대 이집트인은 측량하고 넓이를 계산하는 방법을 차곡차곡 쌓아 갔다. 인류 문명의 초기 기하학은 이렇게 발전했다. '기하학(geometry)'의 원래 뜻은 토지 측량이라는 뜻이다. '토지'라는 뜻의 **어원** geo와 '측량'이라는 뜻의 어원 metry로 이루어졌다. geometry는 라틴어 geometria와 그리스어 γεωμετρία에서 왔는데 둘 다 '땅을 측정한다'는 뜻이 있다.

> 어원은 특정한 의미를 지닌 자모의 조합이다. 어원을 많이 알면 언어를 배우는 수고를 확 줄일 수 있다.

관료는 땅을 나눠 주고 세금을 매길 때 넓이를 기준으로 삼았다. 농민끼리 땅을 사고팔 때도 넓이를 알아야 했다. 토지 측량과 넓이 계산은 그만큼 중요했다. 도시를 만들 때도 계획을 세워 건축 자재를 충분히 준비하려면 넓이를 계산해야 했다.

현재 가장 오래된 기하학 책은 기원전 1650년 무렵에 쓰인 고대 이집트의 《린드 파피루스Rhind Papyrus》이다. 저자가 기원전 1860~1814년에 쓰인 더 오래된 책을 베껴 썼다고 밝혔으니 세계 최초의 기하학 책은 3800년 전에 만들어진 셈이다. 《린드 파피루스》에는 다양한 도형의 넓이를 계산하는 방법이 적혀 있다. 고대 이집트에서 출토된 두루마리에서도 여러 도형의 넓이 계산법이 발견되었다. 예를 들어 당시 사람들은 직사각형의 넓이가 '길이×너비'이고 삼각형의 넓이는 '밑변×높이÷2'임을 알았다. 미적분이 등장하기 전 인류가 넓이를 구하는 지식은 거의 다 이 두 공식에서 나왔다. 메소포타미아의 바빌론인도 넓이와 부피를 구하는 법을 알고 있었다.

학교에서 우리는 맨 처음 직사각형의 넓이를 구하는 법을 배웠다. 정사각형의 넓이 '한 변×한 변'은 직사각형 넓이를 구하는 공식의 특수한 예이고, 평행사변형의 넓이 '밑변×높

> 쉽게 이해해 보자. 정사각형은 특수한 직사각형이고 직사각형은 특수한 평행사변형이다. 직사각형에서 두 대각선의 길이는 같고 서로 다른 대각선을 둘로 나눈다.

이'는 직사각형의 넓이 공식을 확장한 것이다.

직사각형의 변신

밑변이 b, 높이가 h인 평행사변형과 길이가 b, 너비가 $a=h$인 직사각형을 비교해 보자. 평행사변형에서 왼쪽 직각삼각형을 잘라서 오른쪽에 붙이면 직사각형이 된다. 이때 평행사변형과 새로 생긴 직사각형의 면적은 같다. 따라서 평행사변형의 넓이는 '밑변×높이'이다.

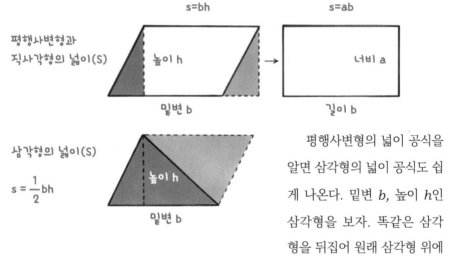

평행사변형과
직사각형의 넓이(S)
$s=bh$
높이 h
밑변 b

$s=ab$
너비 a
길이 b

삼각형의 넓이(S)
$s = \dfrac{1}{2}bh$
높이 h
밑변 b

평행사변형의 넓이 공식을 알면 삼각형의 넓이 공식도 쉽게 나온다. 밑변 b, 높이 h인 삼각형을 보자. 똑같은 삼각형을 뒤집어 원래 삼각형 위에 붙인다. 두 삼각형은 똑같으므로 둘을 붙이면 평행사변형이 된다.

똑같은 두 삼각형의 넓이는 평행사변형의 넓이 공식 그대로 '밑변×높이'이다. 그러므로 삼각형 하나의 넓이는 '밑변×높이÷2'이다. 비슷한 방법으로 사다리꼴도 복사해서 뒤집어 붙이면 평행사변형이 된다. 그러므로 사다리꼴 하나의 넓이는 '(윗변+밑변)×높이÷2'이다. 이것이 우리가 초등학교에서 알아야 하는 기하학 상

사다리꼴의 넓이(S) $s = \dfrac{1}{2}(a+b)h$
윗변 a
아랫변 b

유리수를 기억하는가? 분수 형태로 쓸 수 있는 것은 다 유리수이고 $\sqrt{2}$ 같은 수는 무리수이다. $\sqrt{2}$ 는 분수로 쓸 수 없다.

식이다. 이 공식들이 정확하다는 사실을 의심하지는 않을 것이다. 모두 직사각형의 넓이에서 도출했기 때문이다.

변이 유리수인 직사각형의 넓이

직사각형의 넓이가 '길이×너비'라는 것은 어떻게 증명할까? 만약 직사각형 넓이가 '길이×너비'가 아니라면 인류가 아는 모든 넓이 공식은 틀린 셈이다. 인류는 직사각형 넓이가 '길이×너비'라는 사실을 철저히 증명하기 위해서 수천 년을 들였다.

넓이의 정의는 무엇일까? 기하학에서 넓이는 한 변의 길이가 1인 정사각형의 넓이라고 정의한다. 단위(cm, m, km 등)는 상관없다. 예를 들어 길이 4, 너비 3인 직사각형이 있다. 넓이가 1인 정사각형을 직사각형의 변을 따라 가로로 4개, 세로로 3개씩 놓는다. 이렇게라면 정사각형을 $4 \times 3 = 12$개까지 놓을 수 있으므로 만든 직사각형의 넓이는 '길이(4)×너비(3)'이 된다. 따라서 직사각형의 길이 a와 너비 b가 자연수일 때 넓이는 $a \times b$다. 직사각형의 넓이를 이렇게 정의한다. 즉 넓이가 1인 정사각형이 있어야만 직사각형을 가득 채울 수 있다.

물론 실제 직사각형의 변 길이가 다 정수는 아니다. 직사각형의 변 길이가 유리수인 경우를 보자. 너비 $a = \dfrac{p}{q}$, 길이 $b = \dfrac{r}{s}$이라고 가정하자. 쉽게 이해하기 위해 a, b를 기약 분수(분자와 분모가 더 이상 나눠지지 않는 분수)라고 가정하자.

변 길이가 $\dfrac{1}{qs}$인 작은 정사각형으로 직사각형을 가득 채우려면 가로로 ps개, 세로로 qr개의 정사각형이 필요하다. ps와 qr은 모두 정수이다. 그러므로 이 직사각형의 넓이는 $ps \times qr$개 정사각형의 넓이와 같다.

그렇다면 정사각형들의 넓이는 얼마일까? 변 길이가 $\dfrac{1}{qs}$이니 당연히 $\dfrac{1}{qs} \times \dfrac{1}{qs}$라고 할

지도 모르겠다. 맞는 말이지만 논리에 문제가 있다. 우리는 지금 "변 길이가 유리수인 직사각형의 면적은 길이×너비 이다."를 증명하고 있다. 증명 과정에서 결론을 쓰면 논리학에서 선결문제 요구의 오류(결론에서 주장하고자 하는 바를 전제로 제시하는 오류)를 범하게 된다. 그러므로 정사각형의 면적이 $\frac{1}{qs}$ × $\frac{1}{qs}$라는 것부터 증명해야 한다.

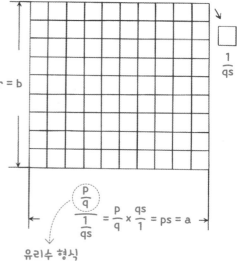

변 길이가 $\frac{1}{qs}$인 작은 정사각형으로 변 길이가 1인 정사각형을 채우려면 가로로 qs개, 세로로 qs개 놓아야 변 길이가 1이다. 이렇게 변 길이가 $\frac{1}{qs}$인 정사각형들을 다 합친 넓이는 변 길이가 1인 정사각형의 넓이와 같다. 따라서 작은 정사각형 1개의 넓이는 $\frac{1}{qs \times qs}$ 이다.

이제 위의 두 결론을 합쳐 보자. 너비 $a = \frac{p}{q}$, 길이 $b = \frac{r}{s}$ 인 직사각형을 $ps \times qr$개의 작은 정사각형으로 나눌 수 있다. 작은 정사각형 1개의 넓이는 $\frac{1}{qs \times qs}$이므로 이 직사각형의 넓이는 $ps \times qr \times \frac{1}{qs \times qs} = \frac{p}{q} \times \frac{r}{s} = a \times b$, 즉 '너비×길이'다.

변 길이가 무리수인 직사각형의 넓이

변 길이가 유리수인 직사각형의 넓이가 '길이×너비'임을 증명했다. 그렇다면 변 길이가 무리수이면 어떨까? 예를 들어 길이가 $\sqrt{3}$ 이고 너비가 $\sqrt{2}$ 라고 하자. 이 경우에는 직사각형을 정수 개의 작은 정사각형으로 쪼갤 수 없다. 직사각형 넓이

'길이×너비'라는 공식은 성립하지만, 새로운 방법이 필요하다. 이것이 무한 근접법이다.

여기서 무리수의 뒷자리 수를 잘 살펴보자. 예를 들어 $\sqrt{3} \approx$ 1.732에서 $\sqrt{3}$은 1.7과 1.73보다 크다. 그래서 1.7은 $\sqrt{3}$보다 약간 작고 1.8은 $\sqrt{3}$보다 약간 크다. 1.4는 $\sqrt{2}$보다 작고 1.5는 $\sqrt{2}$보다 약간 크다.

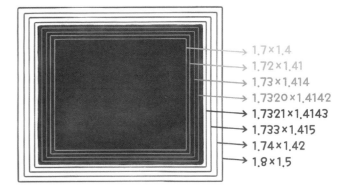

1.7×1.4
1.72×1.41
1.73×1.414
1.7320×1.4142
1.7321×1.4143
1.733×1.415
1.74×1.42
1.8×1.5

$\sqrt{3} = 1.7320508756\cdots$, $\sqrt{2} = 1.4142135623\cdots$ 이다. 따라서 이 직사각형의 넓이는 1.7×1.4보다 크고 1.8×1.5보다 작다.

1.7×1.4와 1.8×1.5인 두 직사각형의 변 길이는 모두 유리수이므로 '길이×너비'로 넓이를 구할 수 있다. 1.7×1.4인 직사각형에서 시작해 길이와 너비를 조금씩 넓혀 가고, 한편 1.8×1.5인 직사각형에서 시작해 길이와 너비를 조금씩 좁혀 가자. 변 길이를 유리수로 해서 무한히 반복하면 1.7×1.4에서 시작해 점점 커진 직사각형과 1.8×1.5에서 시작해 점점 작아진 직사각형의 변 길이는 $\sqrt{3}$과 $\sqrt{2}$에 가까워진다. 이렇게 직사각형들의 넓이의 차이도 0에 가까워진다. 이 작업을 무한히 반복하면 직사각형의 넓이가 $\sqrt{3} \times \sqrt{2}$와 같아진다.

인류는 오랫동안 '길이×너비'라는 직사각형의 넓이 공식을 사용해 왔다. 하지만 근대에 들어서야 무한 근접법으로 정확성을 엄밀하게 증명할 수 있었다. 무한히 가깝게 만드는 방법은 수학, 특히 고급 수학에서 널리 사용되고 있다.

직사각형의 넓이 계산법이 확립되자, 모든 다각형의 넓이를 계산할 수 있게 되었다. 다각형은 삼각형으로 쪼갤 수 있고 삼각형 넓이 계산법은 이미 알고 있기 때문이다. 하지만 굽은 선을 가진 모양, 예를 들어 원의 넓이는 여전히 계산하지 못했다. 다시 한번 무한 근접법을 써야 할 때가 온 것이다.

8강

원의 넓이

논리에 기반한 철저한 추리와
몸으로 직접 겪은 경험주의에
인류의 지혜가 녹아 있다.

생각하기

원을 변이 매우
많은 다각형으로
볼 수 있을까?

원은 가장 기본적인 도형이다. 원형 물건은 재미있는 성질이 있다. 굴리고 움직이기 쉬우며 같은 양의 재료로 부피가 더 큰 용기를 만들 수 있다. 6000여 년 전 메소포타미아의 수메르인은 바퀴를 발명해 물건을 쉽게 운반했다. 하지만 원은 곡선이기 때문에 둘레와 넓이를 계산하는 것이 다각형보다 훨씬 어려웠다.

인류는 문명 초기에 원의 넓이를 계산해 냈다

기원전 1800년, 고대 이집트인과 바빌론인은 반지름이 2배 커지면 원둘레도 2배 커진다는 사실, 즉 원의 둘레와 반지름이 비례한다는 사실을 깨달았다. 그들은 반지름이나 지름으로 꽤 정확하게 원둘레를 계산했다. 하지만 원주율 개념이 없었고 원 넓이와 원주율의 관계를 분명하게 알지는 못했다. 당시 그들이 원 면적을 계산했던 방법은 무척 흥미롭다.

고대 이집트의 《린드 파피루스》에는 원의 넓이를 거의 정확하게 계산하는 방법이 적혀 있다.

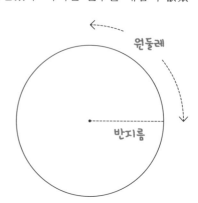

원둘레

반지름

위대한 수학자의 똑똑한 수학 풀이

① 원을 4개로 쪼개고 그중 하나에 외접하는 정사각형을 그린다.

 ② 정사각형에서 부채꼴 모양을 뺀 부분을 직사각형들로 채운다.

 ③ 정사각형 넓이에서 방금 채운 직사각형 넓이를 빼면 원 넓이의 $\frac{1}{4}$과 거의 비슷하다.

위의 계산 방식은 직사각형이 몇 개인지, 틈을 얼마나 촘촘하게 메꿨는지에 따라 오차가 달라진다. 《린드 파피루스》는 원의 넓이가 ①에서 그린 정사각형 넓이의 $\frac{256}{81}$배라는 구체적인 수치를 밝혔다.

외접 정사각형이 잘 이해되지 않으면 원을 정사각형 안에 넣는다고 상상해 보자. 원을 품을 수 있는 정사각형이 원의 외접 정사각형이다. 이때 원의 지름은 정사각형의 변 길이와 같다. 다음 그림의 정사각형은 이 원의 외접 정사각형의 $\frac{1}{4}$이다.

작게 쪼개고 또 쪼개고

$$\frac{\text{원의 넓이}}{\text{정사각형의 넓이}} = \frac{256}{81} \approx 3.16$$

①에서 그린 정사각형의 넓이는 원의 반지름의 세 곱이다. 그래서 이집트인은 원의 넓이를 대략 '3.16 × 반지름의 제곱'이라고 했다.

$S \approx 3.16 \times r^2$

이 3.16은 π에 매우 가까웠다. 재미있는 점은 그들이 원둘레를 계산할 때는 원주율에 더 가까운 $\frac{22}{7} \approx 3.143$을 썼다는 것이다. 원 넓이를 계산할 때 썼던 3.16보다 훨씬 더 정확했다.

또 하나 흥미로은 점은 《린드 파피루스》를 보면 원뿔의 부피를 계산할 때는 제3의 '원주율'을 썼다는 사실이다. 이 제3의 원주율은 오차도 더 컸다. 이집트인이 원과 관련한 변수가 사실 π 하나라는 것을 몰랐다는 점을 알 수 있다.

맨 처음 원주율과 원 넓이의 관계를 깨달은 사람은 고대 그리스의 학자들이었다. 기원전 5세기 에우독소스는 원 넓이와 반지름의 제곱이 정비례한다는 사실을 분명히 알았지만 증명하지는 못했다. 이를 처음으로 증명한 사람은 히오스섬의 히포크라테스였다. 히포크라테스는 초승달 그림으로 원 넓이와 반지름의 제곱이 **정비례**한다는 것을 증명했다. 하지만 둘 사이의 비례 상수가 원주율이라는 사실은 몰랐다.

> 정비례란 두 변수에서 하나가 변하면 다른 하나도 따라 변하는데 변하는 방향도 같다는 것을 뜻한다. 즉 하나가 커지면 다른 하나도 커지고 하나가 작아지면 다른 하나도 작아진다. 만약 변하기 전과 후 두 변수의 비율이 일정하면 정비례 관계라고 한다. 예를 들어 $x = 2a$라는 식이 있다고 치자. a가 2에서 4로 변하면 x도 그에 따라 4에서 8로 변한다. 이때 $\frac{4}{2} = \frac{8}{4} = 2$로 비율이 같다.

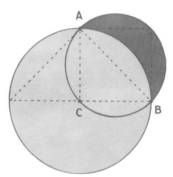

아르키메데스의 극한 증명법

기원전 3세기, 수학자 아르키메데스는 자신의 책 《원의 측정에 대하여》에서 원의 넓이가 한 직각삼각형의 넓이와 같다고 밝혔다. 이 삼각형의 밑변은 원의 둘레이고 높이는 원의 반지름 r 이다. 우리는 원의 둘레가 $2\pi r$ 이고 삼각형의 넓이가 '밑변×높이 ×$\frac{1}{2}$'이라는 사실을 안다. 이 사실대로라면 이 직각삼각형의 넓이는 지금 우리가 쓰는 원의 넓이 공식 πr^2과 같다. 그는 이를 어떻게 증명했을까?

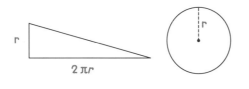

아르키메데스의 증명법은 매우 색다르다. 그는 밑변이 $2\pi r$, 높이 r인 삼각형을 반지름이 r인 원과 비교했다. 삼각형의 넓이 공식에서 시작해 원의 넓이가 삼각형의 넓이보다 크지도 작지도 않고 같을 수밖에 없음을 증명했다. 다음과 같이 말이다.

아르키메데스의 방법은 직사각형 넓이를 구할 때 나왔던 무한 근접법과 비슷하다. 다른 점은 원에 거의 가까운 아주 많은 내접, 외접다각형을 사용했다는 것이다.

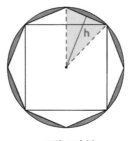
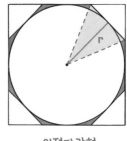

내접다각형   외접다각형

원의 내접다각형 넓이는 원 넓이보다 작다. 한편 원의 외접다각형의 넓이는 원 넓이보다 크다. 이런 정다각형의 변의 수를 무한대로 늘리다 보면 내접다각형과 외접다각형 넓이가 거의 같아지면서 원의 넓이와도 같아진다. 즉 넓이 $S=\pi r^2$이 되는 것이다. 물론 아르키메데스의 증명은 이것보다 더 철저하지만, 원리만 간단하게 설명했다.

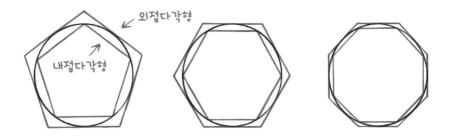

아르키메데스의 생각은 시대를 앞서 나갔다. 수학자들이 무한 근접법을 일반적으로 사용한 건 뉴턴 때가 되어서였는데 그보다 훨씬 앞서서 이 방법을 사용한 것이다. 아울러 아르키메데스의 생각은 고급 수학의 극한 개념으로 발전했다. 이렇듯 수학적으로 대단한 업적을 남긴 아르키메데스는 뉴턴, 가우스와 나란히 인류 역사상 3대 수학자로 꼽힌다.

우리는 삼총사

다만 고급 수학을 공부하기 전에는 아르키메데스의 방법을 이해하기 조금 어려울 수도 있었다. 그래서 르네상스 시기의 예술가이자 과학자였던 다빈치는 다른 방법으로 $S = \pi r^2$을 설명했다.

다빈치의 근사 증명법

다빈치는 원의 중심을 기준으로 원을 매우 많은 '삼각형'으로 쪼갰다. 그리고 삼각형마다 번호를 매겼다. 홀수 번호 삼각형(빨간색)과 짝수 번호 삼각형(파란색)을 교차해서 직사각형을 만들었다. 둘의 밑변을 다 합치면 원둘레가 된다. 그래서 원을 아주 많은 삼각형으로 쪼갠 다음

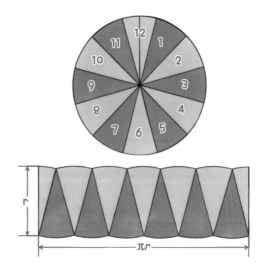

서로 포개서 직사각형을 만들면, 이 직사각형의 길이는 원둘레의 절반, 즉 πr이 된다. 높이는 반지름 r이므로 면적은 πr^2이다.

다만 다빈치의 근사법은 눈으로 보면 쉽게 알 수 있지만, 수학적으로 엄밀한 방법은 아니다. 다빈치가 만든 직사각형의 변은 깔끔한 선이 아닌 아주 많은 굽은 선으로 되어 있다. 굽은 선들을 다 이어도 원래 직선의 길이와는 다르다. 굽은 선들이 아무리 자잘해져도 전체 길이가 직선의 길이와 같을 수는 없다.

위 그림처럼 왼쪽 반원을 쪼개서 오른쪽처럼 구불구불한 선으로 만들어 보자. 한없이 쪼개서 높이를 0에 가깝게 만들더라도 직선 길이와는 같지 않다.

다빈치가 만든 원에 가까운 직사각형의 높이가 정말 원의 반지름과 같은지는 수학적으로 철저히 증명된 것이 아니다. 그렇다고 다빈치의 추리가 정확한지에 얽매이지 않길 바란다. 그냥 그의 추리를 보며 원의 넓이 공식을 이해하면 되겠다.

아르키메데스와 다빈치를 비교해 보자. 아르키메데스는 수학자로서 논리가 얼마나 철저한지에 진심이었으며 증명을 거쳐 정확한 결론을 내렸다. 수학자는 직관적이고 경험주의적인 성향이 있다. 반면 다빈치는 과학자이자 예술가로, 그의 방법은 이해하기 쉽지만 정확하지는 않다. 위대한 두 학자를 비교하면 수학과 과학의 차이가 느껴진다.

수학자: 논리적이고 빈틈없음

예술가: 보자마자 바로 이해하기 쉬움

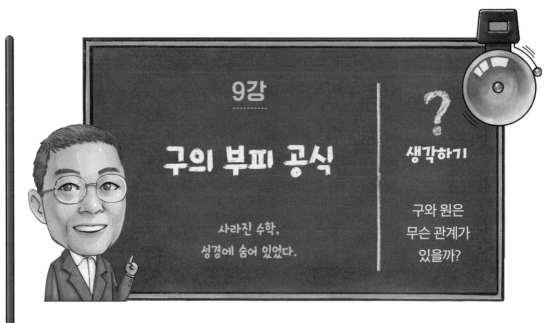

9강

구의 부피 공식

사라진 수학,
성경에 숨어 있었다.

생각하기

구와 원은
무슨 관계가
있을까?

아르키메데스는 원 넓이 계산과 더불어 중요한 발견을 많이 했다. 하지만 오늘날에 아르키메데스가 쓴 책은 거의 사라져 양피지 2개에 베껴 쓴 8편만 남아 있기 때문에 그의 업적은 전하는 이야기와 기록으로만 알 수 있다. 남아 있는 양피지 초본을 《초본 A》, 《초본 B》라고 부른다.

기원전 267년, 아르키메데스의 아버지는 아들을 이집트의 알렉산드리아로 유학 보냈다. 아르키메데스는 알렉산드리아 도서관장인 에라토스테네스와 함께 공부했다. 이 경험이 아르키메데스의 연구 생애에 큰 영향을 미쳤다.

그러던 와중인 1998년, 《아르키메데스 코덱스》라는 새로운 사본이 발견되었다. 《아르키메데스 코덱스》에 수록된 논문 7편 중 제6편 〈방법〉과 제7편 〈스토마키온〉은 새로운 내용이었다. 특히 〈방법〉은 훗날 미적분과 비슷하여 매우 중요한 내용을 담고 있다.

잃어버렸다 복원된 '양피지'

《아르키메데스 코덱스》에 얽힌 이야기는 매우 드라마틱하다. 로마제국이 멸망하자 그리스 학자가 쓴 책들은 대부분 사라졌다. 아르키메데스의 책 역시 마찬가지였으며, 책을 베껴 쓴 양피지 필사본이 있었지만 세계 각지로 흩어지고 말았다. 그러다 기원전 1000년 무렵, 아르키메데스를 공경했던 아카론스라는 사람이 돌아다니며 그의 책을 수집했다.

아카론스는 아르키메데스의 책이 전해지길 바라면서 수집한 내용을 양피지에 베껴 적었다. 12, 13세기에 이 양피지는 한 예배당으로 흘러 들어갔다. 어떤 선교사가 성경을 베껴 쓸 양피지를 찾다가 '방치된 양피지'를 우연히 보았다. 수학에 전혀 관심이 없었던 선교사는 글자를 쓱쓱 지우고 그 위에 기도문을 베껴 썼다. 양피지는 그 상태로 수백 년간 아무에게도 관심받지 못했다.

아르키메데스는 기원전 212년 시라쿠사를 공격한 로마 병사 손에 죽었다. 일흔다섯 살 나이에 시칠리아에 묻혔다. 아르키메데스의 묘비에는 그의 업적을 기리는 의미로 원기둥과 그 안에 딱 맞게 들어가는 구가 그려져 있었다고 한다.

그러다 1906년, 터키에서 이 양피지가 다시 발견되었다. 당시에는 기도문 밑에 깨끗하게 지워지지 않은 글자를 일부만 겨우 읽을 수 있었는데, 고대의 학문을 다뤘다는 점을 추측할 수 있었다. 이 양피지에 많은 학자가 관심을 보였는데 그중 덴마크 코펜하겐대학의 요한 루드비그 하이베르 Johan Ludvig Heiberg 교수가 터키로 가 이 양피지를 손에 넣었다. 그는 몇 년간 연구 끝에 지워진 부분이 아르키메데스의 수학 내용이라는 사실을 알아냈다.

아르키메데스의 원문 스캔본

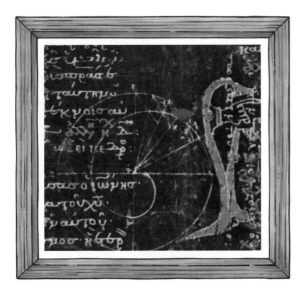

이 양피지는 1, 2차 세계대전을 겪으면서 또 사라졌다가 1998년에야 다시 발견되었다. 일명 미스터 B라는 부자가 뉴욕에서 200만 달러를 들여 이 양피

지를 샀다. 그는 투자나 소장 목적이 아닌, 아르키메데스의 책이 다시 빛을 보게 하고 싶었다고 한다.

미스터 B는 볼티모어 월터스 미술관의 고대 문헌 복구 전문가인 윌리엄 노엘에게 복원을 부탁했다. 윌리엄 노엘은 미스터 B의 돈으로 다양한 전문가로 이루어진 팀을 만들었다. 복원 팀은 11년간 원문을 읽기 위해 노력했다. X선을 활용한 방사광가속기 기술이 핵심이었다. X선을 쏘면 잉크의 철분이 명확한 모양으로 나타나 숨어 있던 글자를 보이게 하는 기술이다. 이윽고 마침내, 기도문과 종교 그림 밑에 숨은 원문을 읽어 냈다.

월터스 미술관은 내용을 인터넷에 공개했다. 그중 〈방법〉 편에 아르키메데스가 구의 부피 공식을 추론하고 증명한 방법이 실려 있었다.

아르키메데스 이전의 사람들은 입체 도형의 부피 공식이 '밑넓이 × 높이'임을 알고 있었다. 반지름 r, 높이 h인 원기둥의 부피는 $\pi r^2 h$이다. 경험을 통해 원뿔 부피는 높이가 같은 원기둥 부피의 $\frac{1}{3}$, 즉 $\frac{1}{3}\pi r^2 h$인 사실도 알았다. 하지만 구의 부피는 경험으로 계산하기가 어려웠다.

크고 둥글어

지렛대로 구의 부피를 계산하다

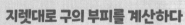

아르키메데스는 기가 막힌 실험으로 구의 부피 계산 공식을 이끌어 냈다. 그가 발견한 지렛대 원리를 쓴 실험이었다. 그는 사람들이 원기둥의 부피 공식 $V_1 = \pi r^2 h$, 원

위대한 수학자의 똑똑한 수학 풀이

뿔 부피 공식 $V_2 = \dfrac{1}{3}\pi r^2 h$를 알고 있다고 가정한 다음 다음과 같이 실험했다.

아르키메데스는 다음 그림처럼 지렛대의 왼쪽을 길이 $2r$, 오른쪽 길이를 r로 했다. 지렛대 왼쪽에 밑면의 반지름 $2r$, 높이 $2r$인 원뿔을 걸고, 그 밑에 반지름이 r인 구를 달았다. 지렛대 오른쪽에는 밑면의 반지름과 높이가 $2r$인 원기둥을 걸었다. 그리고 지렛대가 평행하다는 것을 증명하려고 했다. 이렇게 하면 원뿔과 원기둥의 부피 공식에서 구의 부피 공식을 이끌어 낼 수 있었다.

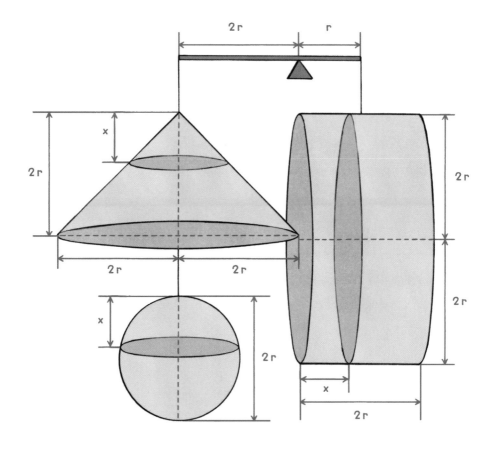

아르키메데스는 원뿔 꼭대기에서 x만큼 떨어진 지점과 구의 꼭대기에서 x만큼 떨어진 시점에서 뱅뱅하고 매우 얇은 판을 하나 살라냈다.

그리고 오른쪽 원기둥에서도 왼쪽 끝에서 x만큼 떨어진 지점에서 평평하고 매우 얇은 판을 하나 잘라냈다. 원뿔, 구, 원기둥에서 잘라낸 이 얇은 조각들의 두께를 모두 d, 밀도를 k라고 가정했다.

원기둥, 원뿔, 구의 높이는 모두 $2r$로 같다. 그래서 각각을 두께가 d인 얇은 판들로 조각 냈을 때, 원기둥, 원뿔, 구에서 잘라낼 수 있는 판의 개수는 모두 같다. 이 판은 부지부지 얇아서 부피는 '넓이 × 두께 d'와 거의 비슷하고 무게는 '부피 × 밀도 k'와 같다.

아르키메데스는 왜 이렇게 복잡하고 이상한 실험을 했을까? 그냥 지렛대 양쪽이 평행하다고 생각하고 방정식을 풀면 되지 않을까? 이 실험에서는 지렛대가 평행하다는 사실을 알 수 있다. 하지만 이는 수학자의 사고방식이 아니다. 현실에서는 우연이나 오차가 있을 수 있지만, 수학자는 논리적으로 철저하게 증명해야 한다. 그래서 아르키메데스는 얇은 판을 수없이 많이 잘라내서 증명하려고 했다. 만약 이 판들을 이용했을 때도 지렛대가 평행하다는 점을 증명하면 전제도 참이 된다.

아르키메데스는 왼쪽의 얇은 판 2개에서 생기는 **모멘트**(moment)와 오른쪽 판 1개가 만드는 모멘트가 같다는 사실을 증명했다. 왼쪽의 원뿔과 구를 얇게 잘라낸 모든 수량과 오른쪽 원기둥이 완벽히 대응했기 때문이다. 따라서 지렛대 양쪽의 원기둥, 원뿔, 구는 평행하다는 점이 증명되었다. 이어서 원기둥 부피와 원뿔 부피에 따라 구의 부피를 계산했다.

> 모멘트란 힘이 물체에 작용할 때 생기는 움직임의 물리량이다. 간단하게 말하면 힘과 지레의 받침점에서 힘점까지의 거리를 곱한 것이다.

미적분의 초기 형태

구의 넓이 공식은 공학에 큰 도움이 되었다. 사람들은 원의 둘레와 넓이, 원기둥의 표면적과 부피를 구할 때 정확한 공식을 몰라도 다각형으로 근삿값을 구할 수 있었다. 하지만 구의 표면적과 부피는 근삿값을 찾기 힘들었다. 따라서 공학자들은 구의 표면적이나 부피에 관한 문제만 나오면 골머리를 썩어야 했다. 예를 들어 구리로 된 구를 만들 때 원자재가 얼마나 필요한지 계산할 수 없어서 그냥 실제로 만들어 보는 수밖에 없었다.

아르키메데스는 구의 부피 공식과 구의 표면적 공식을 맨 처음 발견한 사람이다. 이 공식들은 그의 책 《구와 원기둥에 관하여》에 실려 있다. 하지만 구체적인 내용을 다룬 〈방법〉이 사라져서 아르키메데스가 어떻게 구의 표면적 공식을 증명했는지 알 수 없었다. 만약 아르키메데스의 앞서 나간 방법이 더 일찍 전해졌다면 수학은 더 빨리 발전했을 것이다.

아르키메데스의 입체를 작은 조각으로 쪼개 부피를 구하는 방식이 바로 훗날 뉴턴이 말한 적분이다. 물론 뉴턴의 방법은 모든 적분 문제를 풀고 모든 입체 도형의 부피를 구하는 방법이다. 아르키메데스의 방법은 특정 문제를 푸는 기술일 뿐이라서 둘을 똑같이 평가할 수는 없다. 어쨌든 아르키메데스는 뉴턴과 라이프니츠보다 1800년 더 일찍 미적분을 생각해 낸 셈이다.

아르키메데스의 미적분 초기 모형

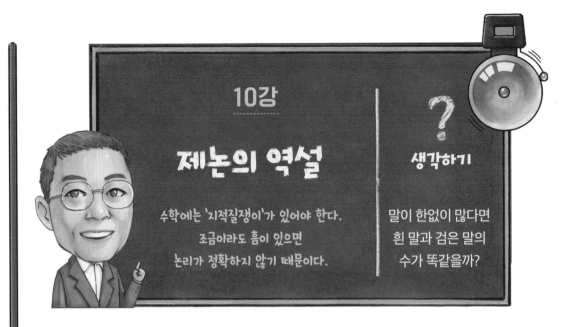

10강

제논의 역설

수학에는 '지적질쟁이'가 있어야 한다.
조금이라도 흠이 있으면
논리가 정확하지 않기 때문이다.

생각하기

말이 한없이 많다면
흰 말과 검은 말의
수가 똑같을까?

수학이 가장 왕성하게 발전한 것은 그리스 시대였다. 이때 피타고라스, 유클리드, 아르키메데스 등 우리에게 익숙한 수학자들이 탄생했다. 이들은 자신의 발명과 깨달음을 차곡차곡 쌓아 수학이라는 큰 건물을 세웠다.

그런데 수학 역사를 보면 '지적질쟁이' 그리스인이 등장한다. 툭하면 수학자의 트집을 잡던 그 사람이 오히려 수학 발전에 크게 이바지했는데, 바로 철학자 제논이다.

제논의 기록은 거의 없다. 소크라테스 등 다른 그리스 학자들처럼 변론을 좋아했다는 사실만 알려져 있다. 자기도 잘 모르면서 남도 설명하지 못하는 문제를 즐겨 냈다고 한다. 이것이 이른바 '제논의 역설'이다. 아리스토텔레스가 책에 제논의 역설을 쓴 뒤에야 그의 존재가 알려졌다.

또 트집이야.

제논의 4대 역설

제논의 역설이 무엇인지 살펴보자.

역설 1 (이분법 역설) : A부터 B까지 가는 것은 불가능하다.

제논은 A부터 B까지 가려면 중간 점을 지나야 한다고 했다. 중간 점 C까지 가려면 A와 C의 중간 점 D를 지나야 하고…… 이렇게 중간 점이 한없이 늘어나면 결국 마지막 점에 도착할 수 없고 심지어 A에서 출발조차 하지 못한다.

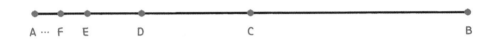

역설 2 (아킬레우스와 거북의 역설) : 아킬레우스는 거북을 따라잡지 못한다.

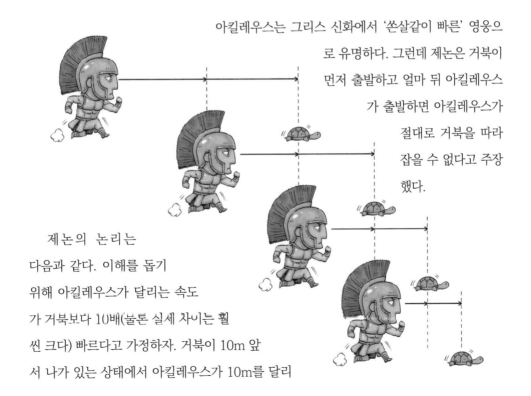

아킬레우스는 그리스 신화에서 '쏜살같이 빠른' 영웅으로 유명하다. 그런데 제논은 거북이 먼저 출발하고 얼마 뒤 아킬레우스가 출발하면 아킬레우스가 절대로 거북을 따라잡을 수 없다고 주장했다.

제논의 논리는 다음과 같다. 이해를 돕기 위해 아킬레우스가 달리는 속도가 거북보다 10배(물론 실제 차이는 훨씬 크다) 빠르다고 가정하자. 거북이 10m 앞서 나가 있는 상태에서 아킬레우스가 10m를 달리면 거북은 1m 앞에 있다. 다시 아킬레우스가 1m를 달리면 거북은 또 0.1m 앞에 있다. 이것이 계속 반복될 때, 결국 아킬레우스와 거북의 거리는 가까워지지만, 아킬레우스가 거북을 따라잡지는 못한다.

여기서 잠깐 제논의 말에 홀리지 않았는지 생각해 보자.

사실 역설 1과 2는 상식적으로 생각하면 반박할 가치조차 없는 틀린 말이다. 서울에서 출발해서 부산까지 걸으면 제논이 말한 무수히 많은 중간 점을 지나간다. 아킬레우스가 보폭을 넓히면 거북을 가볍게 따라잡지 않을까? 상식으로는 당연히 맞다. 하지만 생각해 보면 제논의 논리도 대충 맞는 듯하다. 그저 몇몇 사실을 놓쳤을 뿐이다. 따라서 반박하고 제논을 수긍하게 만들려면 그의 논리에 넘어가면 안 된다. 일단 남은 가설들도 살펴보자.

역설 3 (날아가는 화살의 역설) : 날아가는 화살은 정지해 있다.

제논이 살던 시절, 사람들 눈에 가장 빠른 것은 날아가는 화살이었다. 하지만 제논은 화살이 움직이지 않는다고 말했다. 어떤 한순간에 보면 멈춰 있기 때문이다. 특정 위치에 멈춰 있으니 움직이지 않는다는 논리였다. 순간들이 모여 시간이 되는 것이고 매 순간 화살이 멈춰 있다면 결국 화살은 움직이지 않는다. 이 역설은 1, 2번 역설보다 반박하기 어려워 보인다.

역설 4 (기본 공간과 상대 운동의 역설) : 말 두 마리가 뛴 총거리는 한 마리가 뛴 거리와 같다.

서 있는 우리를 중심으로 같은 속도로 한 마리는 왼쪽, 다른 한 마리는 오른쪽으로 달린다고 보자. 시간을 작게 여러 구간으로 나누고 구간마다 말들이 각자 거리 x

만큼 움직인다면, 한 마리가 뛴 총거리는 x로 같다. 하지만 말 위에 탄 사람이 다른 말 위에 탄 사람을 보면 같은 시간에 $2x$만큼 움직인 것이므로 서로 간의 거리는 $2x$여야 한다. x가 아주 아주 작아서 0에 가깝다면 $x = 2x$라는 결론을 얻는다.

하지만 어떻게 말 두 마리가 뛴 총거리가 한 마리가 뛴 거리와 같겠는가?

후훗, 헷갈릴 것이다.

고대 중국에도 트집을 잘 잡는 '지적질쟁이'가 있었다. "백마는 말이 아니다."라고 말했던 공손룡公孫龍, 장자莊子에게 "그대는 물고기가 아닌데 어찌 물고기의 즐거움을 안단 말이오?"라고 말한 혜자惠子가 있다.

다시 생각해 보자. 제논의 논리에 넘어갔는가? 아니면 신발로 이 '지적질쟁이'를 한 대 치고 싶은가?

하지만 이런 역설 덕분에 그리스 문명은 다른 문명들과 다를 수 있었다. 그리스 문명은 논리를 중요하게 여겼기 때문에 수학과 자연과학을 체계적으로 세울 수 있었다.

제논의 역설은 논리와 경험이 충돌하는 것을 보여 준다. 제논의 논리는 틀리지 않은 것 같지만 우리의 경험도 틀리지 않았다. 이런 충돌은 왜 일어날까? 당시 그리스인이 수학 개념을 잘 몰랐기 때문이다.

문제 해결 법: 무한소와 극한

수천 년간 유럽인들은 제논의 역설이 논리적으로 무엇이 잘못되었는지 찾으려고 노력했다. 아르키메데스와 아리스토텔레스도 성공하지 못했다. 그나마 아리스토텔레스가 이 역설의 본질을 꿰뚫었지만 "거리는 유한하고 시간은 무한대로 나눌 수 있으므로 유한한 것과 무한한 것을 짝지을 수 없다."라는 그의 말에는 고개를 갸우뚱할 것이다. 여기서 새로운 개념인 무한소와 극한이 필요하다. 무한소와 극한이 있어야만 제논 역설의 잘못된 점을 찾을 수 있다.

2번 역설에서, 제논은 아킬레우스가 거북이를 따라잡는 시간 s를 무한대로 쪼갰다. 매 순간은 짧아지지만 0과 같진 않다. 예를 들어 아킬레우스가 1초 동안 10m를 달린다고 가정하면 처음 10m를 달리는 데 1초가 걸리고 다시 1m를 뛸 때는 0.1초가 걸린다. 시간은 1초, 0.1초, 0.01초, 0.001초…가 된다. 이 시간을 다 더하면 아킬레우스가 달리는 시간 s는 등비**급수**이다.

$$s = 1 + 0.1 + 0.01 + 0.001 + \cdots$$

이 급수에서 각 항은 앞항의 $\dfrac{1}{10}$ 이다($1 \times \dfrac{1}{10} = 0.1$).

> 급수란 주어진 수열을 순서대로 + 부호로 연결한 함수다. 수열은 일정한 규칙에 따라 한 줄로 배열된 수의 열을 말한다.

제논은 0이 아닌 수를 한없이 더하면 무한대가 된다고 생각했다. 그래서 무척 빠른 아킬레우스도 거북이를 따라잡지 못한다고 결론지었다. 여기에 문제가 있다. 이 한없이 많은 수를 더하면 유한한 수가 나온다는 점이다.

만약 어떤 정해진 수들을 한없이 계속 더한다고 가정하자. 그렇다면 수가 아무리 작아도 계속 더하면 무한대가 될 것이다. 하지만 $s = 1 + 0.1 + 0.01 + 0.001 + \cdots$에서 더해지는 항, 즉 시간은 계속 작아지고 마지막엔 거의 0에 가까워진다. 이 시간은 정해진 수가 아니다. 이런 상황에서는 정해진 수를 더하는 방법으로 아킬레우스가 거북이를 따라잡는 시간을 계산할 수 없다. 이렇게 점점 0에 가까워지지만 0은 아닌 수를 '무한소'라고 한다.

수학에서는 무한소를 명확하게 정의한다. 비교적 알기 쉬운 방법으로 설명해 보면 다음과 같다. 첫째, 이 수가 0은 아니다. 둘째, 정해진 숫자가 아니다. 셋째, 양수보다 작다. 예를 들어 무한소는 0.000001보다, 0.00000000001보다 작다. 나는 무한소를 0을 향해 끊임없이 작아지는 흐름이라고 설명하고 싶다.

$s = 1 + 0.1 + 0.01 + 0.001 + \cdots$ 에서 더해지는 수는 점점 작아지고 마지막엔 무한소가 된다. 무한소를 합치면 얼마가 될까? 첫째, 유한한 무한소를 더하면 여전히 무한소다. 둘째, 한없이 많은 무한소를 더하면 특정한 수가 되거나 무한대가 되거나 무한소가 될 수도 있다. 이는 무한소들이 얼마나 빠른 속도로 0에 가까워지는지에 따라 다르다.

이해가 되지 않아도 괜찮다. 중요한 결과는 $s = 1 + 0.1 + 0.01 + 0.001 + \cdots$ 식에서 한없이 많은 무한소를 더했더니 유한수 $\dfrac{10}{9}$ 이 나왔다는 점이다. 이 유한한 수를 급수의 극한이라고 부른다. 이는 미적분을 통해 증명이 되었다. 어려워 보이지만 지금은 수학적으로 제논의 역설에 문제가 있다는 것이 증명되었다는 점과 그 핵심에 무한소가 있다는 것만 기억하면 된다.

무한소와 극한 두 개념은 수학 역사에서 매우 중요하다. 인류는 무한소와 극한 개념을 통해 수를 가만히 움직이지 않는 정해진 수에서 움직이고 변하는 것으로 이해하게 되었다. 고등 수학은 무한소와 극한을 기반으로 한다. 무엇보다 중요한 점은 이 개념의 탄생이 꼬치꼬치 캐묻고 수학의 트집을 찾는 제논과 큰 관계가 있다는 점이다. 사실 수학과 자연과학은 이렇게 역설을 설명하고 구멍을 메우는 과정에서 새 개념이 만들어지면서 발전해 나갔다.

끝이 안 보이는 게 맞아.

일원이차방정식 해법

인간은 다양한 결과에서
'일반적' 답을 찾을 수 있다.

생각하기

방정식은 정해진
해가 꼭 있을까?

세상의 많은 수학 문제는 일원이차방정식 풀이로 끝날 수 있다. 일원이차방정식이 무엇일까? 구체적인 예를 보자. 풀장의 둘레가 20m, 넓이가 24m²이다. 이 풀장의 길이와 너비는 각각 얼마인가?

이 문제를 방정식으로 만들어 보자. 풀장 길이를 x로 두면 너비는 $\dfrac{20-2x}{2}$ $=10-x$다. 따라서 다음과 같은 방정식이 나온다.

$$x(10-x)=24$$

간단하게 하면

$$10x-x^2=24$$

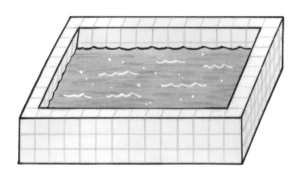

이 방정식이 바로 일원이차방정식이다. 미지수가 x 하나여서 일원이며 가장 높은 차수의 항이 x^2으로 이차다. 일원이차방정식은 일원일차방정식보다 어렵다. 위의 방정식은 그나마 간단하다. $x=4$ 혹은 $x=6$이 답이다. 하지만 다른 일원이차방정식들은 풀기 꽤 까다롭다. 위 방정식의 24를 23으로 바꾸면 답을 구하기 쉽지 않다.

위대한 수학자의 똑똑한 수학 풀이

인류가 일원이차방정식 중 일부를 풀어내고 모든 일원이차방정식의 **일반해**를 구하는 공식을 찾는 데는 무려 2000여 년이 걸렸다.

고대 바빌론에 남겨진 점토판에 따르면 기원전 2000년 무렵 바빌론의 수학자가 특수한 일원이차방정식을 풀었다. 비슷한 시기의 이집트 중왕국 파피루스에도 일원이차방정식 풀이법이 실려 있다. 기원전 2세기경 중국인은 기하학을 접목해 간단한 일원이차방정식을 풀 수 있었다. 하지만 계수가 모두 정수여야 했고 답도 역시 자연수여야 했다. 그리스에서는 기원전 5세기와 기원전 3세기경 피타고라스와 유클리드가 각각 추상적 기하학을 써서 일원이차방정식을 푸는 방법을 내놓았다.

> 해란 방정식을 성립시키는 미지의 값을 의미한다. 방정식에서 해는 있지만 단 하나로 정해지지 않을 경우가 있다. 이때 임의의 수, 함수 등을 포함한 넓은 의미의 해를 일반해라고 한다.

맨 처음 체계적으로 일원이차방정식을 푼 사람은 고대 로마 수학자 디오판토스였다. 디오판토스는 알렉산드리아에서 살았다. 알렉산드리아는 그리스 시대부터 서양 과학의 중심지였다. 그는 **대수학**을 깊이 연구하며 책을 많이 남겼지만 대부분 사라졌으며, 《산술》이라는 책이 온전히 남아 있다. 이 《산술》에서 일원이차방정식을 푸는 일반적 방법을 내놓았다. 하지만 이 역시 한계가 있었는데, 계수가 전부 유리수고 답도 양의 유리수인 경우에만 쓸 수 있었다. 또 답 2개가 모두 양의 정수여도 그중 하나만 구할 수 있었다. 예를 들어 $10x - x^2 = 24$의 답은 6과 4이다. 하지만 디오판토스의 방법을 쓰면 둘 중 하나만 구할 수 있다.

대수학
다음의 만능 주문을 기억하시오.

$$ax^2 + bx + c = 0 \, (a \neq 0)$$

이러한 한계가 있지만 디오판토스는 '대수학의 아버지'라 불린다. 디오판토스를 시삭으로 방정식을 연구하게 되었고 이것이 오늘날 대수학으로 발전했기 때문이다. 디오판토스는 《산술》에서 부정방정식 풀이법을 아주 많이 소개했다. 부정방정식이란 $2x-5y=3$처럼 해가 정해

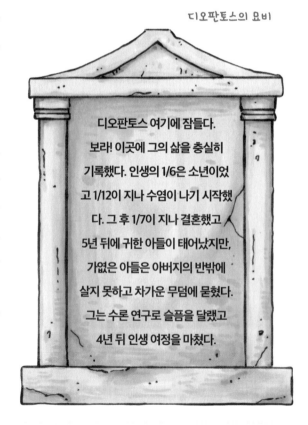

대수학이란, 숫자를 대표하는 일반적인 문자를 사용하여 수의 관계 등을 연구하는 학문이다.

지지 않은 방정식을 말한다. 디오판토스도 대부분의 부정방정식에 대한 답은 몰랐지만, 문제를 낸 것이다. 그래서 디오판토스를 '대수학의 아버지'라고 부른다.

기록이 별로 없어서 디오판토스가 그리스인인지, 이집트계 그리스인인지, 혹은 바빌론계 이집트인인지는 분명하지 않다. 하지만 그의 묘비에 적힌 수학 문제는 유명하다. 디오판토스의 묘비에는 다음과 같이 적혀 있다.

디오판토스는 몇 살까지 살았을까? 묘비 내용을 보면 답을 구할 수 있다. 여든네 살까지 장수했다.

계수에 상관없이 일원이차방정식의 일반적인 해법을 찾은 사람은 인도 수학자 브라마굽타와 아랍 수학자 알콰리즈미였다. 브라마굽타는 현재 우리가 쓰는 일원이차방정식의 해를 구하는 일부 공식을 내놓았다. 게다가 계수에 대한 특별한 조건이 없다. 우리는 일원이

디오판토스의 묘비

디오판토스 여기에 잠들다.
보라! 이곳에 그의 삶을 충실히 기록했다. 인생의 1/6은 소년이었고 1/12이 지나 수염이 나기 시작했다. 그 후 1/7이 지나 결혼했고 5년 뒤에 귀한 아들이 태어났지만, 가엾은 아들은 아버지의 반밖에 살지 못하고 차가운 무덤에 묻혔다. 그는 수론 연구로 슬픔을 달랬고 4년 뒤 인생 여정을 마쳤다.

위대한 수학자의 똑똑한 수학 풀이

차방정식을 일반적으로 $ax^2+bx+c=0(a{\neq}0)$으로 나타낸다. 이에 대한 브라마굽타의 해 공식은 $x=\dfrac{-b+\sqrt{b^2-4ac}}{2a}$ $(b^2-4ac \geq 0)$다. 지금 중학교에서 배우는 근의 공식과 비교하면 $x=\dfrac{-b-\sqrt{b^2-4ac}}{2a}$ $(b^2-4ac \geq 0)$가 빠졌지만, 두 식이 닮았다는 사실을 알 수 있다.

위 공식에서, 루트가 있다는 것은 일원이차방정식의 해가 꼭 유리수는 아니라는 뜻이다. 따라서 인류는 일원이차방정식 때문에 무리수를 생각하는 수준에 이르렀다.

일원이차방정식의 완벽한 풀이법을 내놓은 사람은 알콰리즈미였다. 그의 방법을 **평방화**라고 부른다. 예를 들어 앞의 $10x-x^2=24$에서 등호 양쪽에 -1을 곱하면 $x^2-10x=-24$가 된다.

이어서 등식 양쪽에 25를 더하면 $x^2-10x+25=1$이 된다. 이 방정식은 $(x-5)^2=1$로 적을 수 있다. 만약 어떤 수의 제곱이 1이면 이 수는 1 혹은 -1이다. 따라서 일차방정식 2개가 생긴다.

알콰리즈미가 지켜보고 있으니
수학 공부 열심히 하세요.

평방화란 식이나 식의 일부를 항등식 형태로 완전 제곱식이나 몇 개의 완전 제곱식의 합으로 만드는 것이다. 예를 들어 x^2-10x $=-24$를 $(x-5)^2=1$로 바꾸는 것을 말한다.

1. $x-5=1$ $\rightarrow$ $x=6$
2. $x-5=-1$ $\rightarrow$ $x=4$

그는 이 방법으로 모든 일원이차방정식을 풀 수 있었다. 이는 지금 우리가 쓰는 일원이차방정식의 풀이 공식인 근의 공식과 똑같다.

$$\text{근의 공식} \quad x = \frac{-b \pm \sqrt{b^2 - 4ac}}{2a} \quad (a \neq 0, \ b^2 - 4ac \geq 0)$$

알콰리즈미는 8~9세기 이슬람 문명의 황금시대에 살았던 가장 뛰어난 과학자로 수학, 지리학, 천문학, 지도학에 크게 이바지했다. 아울러 대수와 삼각학에 혁신의 기초를 다졌다. 훗날 알콰리즈미의 책은 유럽에 전해져 유럽 수학 발전에 큰 영향을 끼쳤다. 오늘날 '대수학'의 영어 algebra는 아랍어의 라틴어 표기 'al-jabr'에서 왔다. algebra는 알콰리즈미가 내놓은 일원이차방정식의 풀이법을 의미한다. '산법(算法)'이라는 뜻을 가진 영단어 알고리즘(algorithm)은 알콰리즈미Al-Khwarizmi의 라틴어 이름이다. 현재 수학계는 알콰리즈미를 뉴턴, 가우스, 아르키메데스와 어깨를 나란히 하는 위대한 수학자로 꼽는다. 하지만 유감스럽게도 이 대단한 과학자가 페르시아인이라는 사실 말고는 알려진 바가 거의 없다.

방정식이라는 도구가 생기자 일상에서 마주하는 수학 문제의 반이 해결되었다. 일원이차방정식의 풀이법은 훗날 물리학 연구에 매우 중요하다. 가속도와 거리의 관계, 속도와 에너지의 관계, 만유인력과 거리의 관계 등 물리학에서 일원이차방정식을 많이 쓰기 때문이다. 일원이차방정식이 풀리지 않았다면 르네상스 시대 이후의 물리학 발전도 없었을 것이다.

온 세상에 수학의 씨를 뿌렸어.

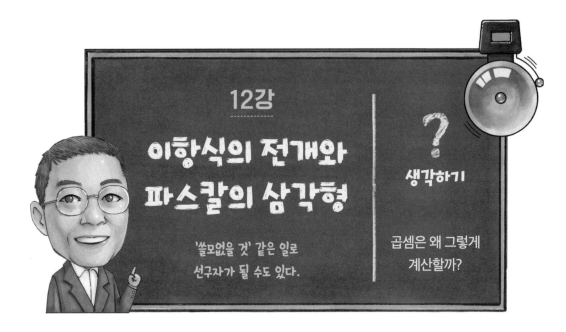

이항식의 전개와 파스칼의 삼각형

'쓸모없을 것' 같은 일로
선구자가 될 수도 있다.

생각하기

곱셈은 왜 그렇게
계산할까?

수학을 공부하다 보면 두 자릿수 곱셈에서 벽에 부딪힌다. 두 자릿수의 곱셈 자체가 한눈에 보고 이해하기 어렵기 때문이다. 덧셈과 뺄셈은 복잡하게 생각하지 않아도 쉽게 풀 수 있다. 같은 자릿수끼리 더하고 빼면 된다. 복잡해 봐야 받아올림과 받아내림만 신경 쓰면 된다. 한 자릿수의 곱셈도 구구단을 외우기만 하면 되므로 머리 아프게 생각할 필요 없다.

하지만 두 자릿수를 곱할 때는 교차로 곱하고 다시 더해야 한다. 34×26은 아래처럼 세로식을 써서 계산해야 한다.

신기한 분리

이 식에서 첫째, 둘째 줄은 곱하는 수이고 셋째, 넷째 줄은 중간 결과다. 셋째 줄은 둘째 줄의 일의 자릿수 6과 첫째 줄의 일의 자릿수 4, 십의 자릿수 3을 곱해서 더한 수이다. 전개하면 $(4 \times 6) + (30 \times 6) = 24 + 180 = 204$이다. 넷째 줄은 둘째 줄의 십의 자릿수 2에 각각 첫째 줄의 일의 자릿수 4와 십의 자릿수 3을 곱해서 더한 값이다. 전개하면 $(4 \times 20) + (30 \times 20) = 80 + 600 = 680$이다. 다시 중간 결과를 서로 더하면 답 884가 나온다.

$$
\begin{array}{r}
34 \\
\times\ 26 \\
\hline
204 \\
+\ 680 \\
\hline
884
\end{array}
$$

두 자릿수 곱셈을 이렇게 할 수 있는 것은 덧셈과 곱셈의 분배법칙을 쓸 수 있기 때문이다. 분배법칙은 즉 $(a+b)(c+d)$를 $(ac+ad+bc+bd)$로 바꿀 수 있는 것을 말한다. 앞선 식으로 작성해 보면 $34 \times 26 = (30+4) \times (20+6) = (30 \times 20) + (30 \times 6) + (4 \times 20) + (4 \times 6)$이 가능한 것이다.

규칙 찾기

인류가 $(a+b)(c+d) = (ac+ad+bc+bd)$를 깨달은 것은 역사적인 사건이었다. 곱해야 하는 두 다항식 $a+b$와 $c+d$는 항이 2개밖에 없다. 그러므로 이런 곱셈을 이항식 곱셈이나 이항식 전개라고 한다. 인류는 이항식 곱셈의 규칙을 알고 나자 자연스럽게 이항식 여러 개를 곱하는 방법을 생각하게 되었다. 예를 들어 $(a+b)(c+d)(e+f)(g+h)$이다. 수학 역사에서 특히 중요한 이항식 곱셈이 있다. 바로 자신과 자신을 곱하는 것이다. 예를 들면 $(a+b)(a+b)$와 $(a+b)(a+b)(a+b)$ 등이다. 이런 이항식은 전개한 뒤에 동류항끼리 모아서 정리한다. 예를 들면 다음과 같다.

$$(a+b) \times (a+b) = a^2 + ab + ab + b^2 = a^2 + 2ab + b^2$$
$$(a+b)^3 = a^3 + a^2b + a^2b + a^2b + ab^2 + ab^2 + ab^2 + b^3 = a^3 + 3a^2b + 3ab^2 + b^3$$

$$\cdots$$

나아가서 n개의 $(a+b)$를 서로 곱하여 이를 전개한 식의 계수를 다음과 같이 삼각형으로 늘어놓은 것을 파스칼의 삼각형이라 한다. 다음 그림처럼 첫째 행은 $(a+b)^0 = 1$이다. $(a+b)$의 거듭제곱을 전개한 뒤 계수만 나열해 보자. 그러면 아래 행은 위 행의 이웃한 두 계수를 더한 값임을 알 수 있다.

이항식을 전개한 뒤
계수만 삼각형으로 나열

```
                          1                            (a+b)^0
                       1     1                         (a+b)^1
                    1     2     1                      (a+b)^2
                 1     3     3     1                   (a+b)^3
              1     4    10    6     4     1            (a+b)^4
           1     5    10    10    5     1
        1     6    15    20    15    6     1
     1     7    21    35    35    21    7     1
  1     8    28    56    70    56    28    8     1
1     9    36    84   126   126   84    36    9     1
1    10    45   120   210   252   210   120   45    10    1   (a+b)^10
```

맨 처음 이항식 곱셈의 규칙을 찾은 사람은 10세기 페르시아 수학자 알 카라지와 12세기 아랍 천문학자 우마르 하이얌이다. 그래서 서양에서는 하이얌 삼각형이라고도 불린다. 북송의 수학자 가헌賈憲도 11세기에 위의 삼각형을 발견하여 《석쇄산술釋鎖算数》에 기록했다. 하지만 이 삼각형이 정말로 유명해진 것은 다른 두 학자 덕분이었다. 중국에서는 남송의 수학자 양휘楊輝가 책 《상해구장산법詳解九章算法》에서 가헌의 말을 빌려서 이 삼각형을 언급하여 유명해졌으며, 이로 인해 오랫동안 양휘의 삼각형이라고 불렸다. 서양에서는 프랑스 수학자 파스칼이 이 삼각형에 드러난 이항식 곱셈 규칙으로 확률 문제들을 풀었다. 따라서 서양에서는 파스칼의 삼각형이라고 알려져 있다.

어떻게 불리든 이 삼각형의 발견은 수학 역사에 매우 중요하다. 응용 수학 분야에서 널리 쓰이기 때문이다. 어떻게 응용되는지 세 가지만 살펴보자.

생활 속 파스칼의 삼각형

첫째, 주머니 사정과 관련된 복리

원금 1원을 저금하고 연이율은 x라고 하자. 이자는 '연금×연이율'이므로 1년 뒤의 원금과 이자를 합하면 $1+(1\times x)=1+x$이다. 2년 뒤의 원금은 $(1+x)$이고 이자는 $(1+x)\times x$이다. 그러므로 원금에 이자를 더하면 $(1+x)+(1+x)\times x=x^2+2x+1=(x+1)^2$이다. 이런 식으로 계산하면 n년 차에 $(1+x)^n$이 된다. 상황별로 살펴보자.

상황 1

이율이 3% 정도로 매우 낮다고 가정하자. 이럴 때 **단리**로 계산하면 2년 뒤 6%, 10년 뒤 30%가 된다. 한편 복리로 계산하면 1년 뒤 이율은 3%이고 2년 뒤에는 6.09%이다. 평균을 내도 겨우 3.045%로 1년 때보다 별로 높지 않다.

> 단리는 저축 기간에 상관없이 원금 기준으로 이자를 계산한다. 하지만 복리는 원금과 저축 기간에 쌓인 이자 총액을 더한 값을 기준으로 이자를 계산한다.

이항식 곱셈 $(1+x)^n$을 전개하면 첫 줄 1은 원금이다. 이율에 결정적인 것은 두 번째 줄 nx이다. 결국 복리에 혹할 수는 있지만, 이율이 높지 않거나 기간이 길지 않으면 단리로 생기는 수익과 비슷하다.

상황 2

이율 x가 20%로 매우 높다고 가정하자. 10년 간 이율을 예로 들어 보자. $(1+x)^{10}=1+10x+45x^2+120x^3\cdots$이다. 여기서 둘째 항은 단리를 뜻하는데 $10x=2$이다. 셋째 항 $45x^2$에 $x=0.2$를 넣어 계산하면 1.8로 둘째 항 2와 거의 비슷하다. 넷째 항은 0.96이다. 주목할 점은 파스칼의 삼각형대로 계산해 나가면 여섯째 항의 값이 갑자기 매우 많이 높아진다는 점이다. 이율 20%에서 시작해 10년간 총이율이 무려 500%를 넘어선다. **고리대금**을 빌린 사람이 다시 일어서지 못하는 이유가 여기에 있다.

> 고리대금은 금융 단어로 높은 이자로 대출하는 것을 가리킨다. 불법인 경우가 많으니 절대 가까이하지 말길 바란다.

복리는 언제쯤 눈에 보일 만큼 높아질까? n과 x의 곱을 보면 간단하다. 만약 $nx<1$이면 복리와 단리의 차가 크지 않다. 하지만 $nx>1$이면 복리와 단리의 폭은 급속도로 커진다. 이러한 점을 이용한 고리대금의 함정에 의해 많은 이들이 순식간에 불어

어디가 걸렸을까요?

나는 빚을 감당하지 못하는 것이다.

둘째, 물건을 살 때 중요한 누적 오차

정상 제품의 오차는 그렇게 크지 않다. 부품 크기의 $\frac{1}{1000}$ 이거나 더 작다. 하지만 부품의 수가 많으면 누적 오차가 커져서 고장이 잘 날 수 있다. 최악은 누적 오차가 각 부품의 '상대오차×부품의 수'와 같은 경우다. $\frac{1}{1000}$ 은 작지만, 부품이 100개 있다면 누적 오차도 커진다. 그래서 구조가 복잡한 제품이나 설비는 설계하고 만들 때 검사가 까다롭다. 부품이 많아질수록 누적 오차도 커지기 때문이다. 복잡한 제품이 더 쉽게 고장 날 수 있는 것도 이 때문이다.

제조품뿐 아니라 계속 업그레이드 해야 하는 컴퓨터도 누적 오차가 있다. 한번 업그레이드할 때 $\frac{1}{1000}$ 이 틀리면 100번째에 오차가 10%나 된다. 시계도 미세한 오차가 쌓이고 쌓이면 오차 시간이 급격히 커질 수 있으므로 만드는 과정이 무척 까다롭다.

셋째, 선택과 관련된 확률 문제

확률에서 가장 대표적인 문제가 바로 이항 분포다. 예를 들어 동전을 10번 던져서 앞면이 여섯 번 나올 확률이 얼마일까? 동전을 던지는 횟수는 $(a+b)^{10}$ 이고 이를 전개한 a^6b^4 은이 항의 계수이다. 이것은 우연이 아니다. 동전의 앞면을 a, 뒷면을 b, $(a+b)^{10}$ 을 동전을 10

번 던지는 것이라고 보면 a^6b^4는 앞면이 여섯 번, 뒷면이 네 번 나온다는 말이다. 파스칼의 삼각형에서 보면 이 항의 계수가 210이다. 그러므로 앞면이 여섯 번 나올 확률은 $\frac{210}{2^{10}} \approx 0.2$이다.

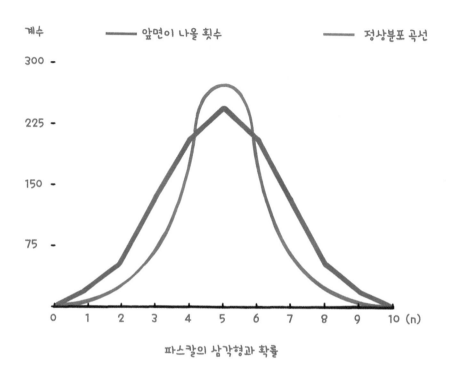

파스칼의 삼각형과 확률

(a+b)^{10}의 각항 계수를 그래프로 나타내면 위와 같다. 계수의 곡선과 정상분포 곡선을 비교하면 거의 비슷하다는 것을 알 수 있다. 사실 n이 매우 크다면 $(a+b)^n$의 곡선은 정상분포 곡선과 같다.

파스칼의 삼각형은 무슨 놀이처럼 보인다. 우마르 하이얌, 가헌, 양휘는 이 삼각형을 연구하면서도 어디에 쓰일지 몰랐을 것이다. 훗날 파스칼의 삼각형은 현실 속 여러 문제를 해결하고 자연 과학의 규율을 이해하는 데 큰 도움이 됐다. 처음에는 전혀 쓸모없어 보이지만 그 쓸모가 천천히 드러나는 것이 바로 수학의 특성이다.

정상분포란 글자 그대로 자연계에서 보이는 정상적인 분포이다. 즉 중간이 많고 양 끝이 적은 분포를 말한다. 예를 들어 반 친구들의 성적에서 중간 성적이 많고 높거나 낮은 쪽이 적다면 정상적이다. 부의 분배에서 중산 계층이 많고 부자 혹은 가난한 사람들이 적다면 정상적이다.

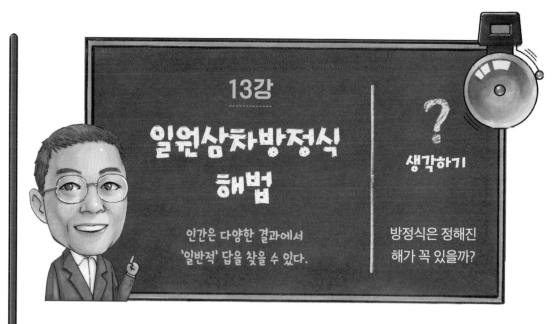

13강

일원삼차방정식 해법

인간은 다양한 결과에서
'일반적' 답을 찾을 수 있다.

생각하기

방정식은 정해진
해가 꼭 있을까?

우리는 중고등학교에서 일원이차방정식의 '일반해(넓은 의미의 해)'를 배운다.

일원이차방정식이 어떻게 생겼든 우리는 두렵지 않다. 아래의 근의 공식에 대입만 하면 다 풀리기 때문이다. 이것이 일원이차방정식의 '일반해'이다.

> 미지수가 하나(일원)뿐이고 최고차항이 2(2차)인 방정식을 일원이차방정식이라고 한다. 일원이차방정식을 정리하면 $ax^2+bx+c=0(a≠0)$으로 표현할 수 있다. ax^2이 이차항이고 a는 이차항의 계수다. bx는 일차항이고 b는 일차항의 계수다. c는 상수항이다.

$$x = \frac{-b \pm \sqrt{b^2-4ac}}{2a} \ (a≠0, \ b^2-4ac \geq 0)$$

식을 $ax^2+bx+c=0(a≠0)$과 같은 형식으로 바꾸고 a, b, c에 들어간 수를 위 식에 대입하면 x값 2개를 구할 수 있다. x값 2개가 이 식의 해이다.

그런데 더 복잡해지면 어떻게 될까? x^2이 x^3으로 바뀌어 일원삼차방정식이 되어도 위처럼 편리한 식이 있을까? 있기는 있다. 하지만 대부분의 사람이 평생 모르고 살아갈 것이다.

스승이 남긴 소중한 책

일원삼차방정식은 일원이차방정식보다 미지수의 차수만 하나 높아진 것 같지만, 일반해를 구하는 것은 훨씬 어렵다. 중세 이슬람 시대의 수학자 알콰리즈미가 일원이차방정식의 일반해를 구하고 몇백 년이 지나기까지, 아무도 일원삼차방정식의 일반해를 찾지 못했다. 결국 일원삼차방정식의 일반해를 구하긴 했지만, 이번엔 누가 구했는지를 두고 수학계가 매우 시끄러웠다.

이야기는 15세기 이탈리아로 거슬러 올라간다. 르네상스 후기에는 과학과 수학 문제에 관심을 보이는 사람이 많았다. 하지만 유럽은 길고 긴 중세 시기가 막을 내린 지 얼마 지나지 않았기 때문에 과학이 뒤처졌고 수준도 높지 않았다. 일반해는 고사하고 일원삼차방정식을 풀기만 해도 수학자로 인정받았다.

이탈리아의 명문 볼로냐대학은 세계에서 가장 오래된 대학으로 900년 역사를 자랑한다. 15세기 볼로냐대학에는 페로 교수와 제자 피오레가 있었다. 페로가 보기에 피오레는 똑똑하지도 않고 공부에도 영 소질이 없었으며 앞날이 별로 밝아 보이지 않았다. 페로는 죽기 전 장래가 어두운 제자가 걱정스러웠다.

"앞으로 어떡할 작정이냐? 비밀을 알려 줄 테니 정말 힘들 때 써먹도록 하여라. 이 비결로 유명한 수학자에게 도전하거라. 이기면 수학계에 이름을 날리고 자리를 잡을 수 있을 것이다." 페로는 제자에게 비법을 알려 준 뒤 얼마 지나지 않아 세상을 떠났다.

스승의 유언대로 변변치 못한 피오레는 스승이 알려 준 비결을 무기로 수학자 니콜로 타르탈리아에게 도전했다. 본명은 니콜로 폰타나지만 다들 '말더듬이'라는 뜻의 '타르탈리아'로 불렸다. 당시 유럽의 수학자들 사이에서는 이런 도전이 유행이었다. 자신도 못 푸는 어려운 문제를 들이밀며 도전하는 것으로, 도전받은 사람이 문제를 풀지 못하면 이긴다. 1535년, 피오레는 타르탈리아에게 문제를 잔뜩 내밀었는데, 다음 방정식처럼 다 비슷해 보이는 삼차방정식이었다.

$$x^3 + x + 2 = 0$$

$$2x^3 + 3x + 5 = 0$$

$$x^3 - 8x + 2 = 0$$

$$x^3 + 13x - 6 = 0$$

보다시피 x^2항이 없다. 사실 페로가 피오레에게 준 필살기는 삼차방정식 풀이였다. 페로는 삼차방정식의 일반해를 발견하고 사위 나베와 제자 피오레에게만 알려 주면서 비밀을 지키라고 당부했다. 페로는 삼차방정식의 풀이법을 아는 사람이 없다고 생각했다. 피오레로부터 문제를 받은 타르탈리아도 거리낌 없이 피오레에게 어려운 문제를 무더기로 내줬다. 역시 일원삼차방정식 문제였지만, 생김이 조금 달랐다. x^2항은 있고 x항은 없는 다음과 같은 방정식이었다.

$$x^3 + x^2 - 18 = 0$$

사실 타르탈리아는 이미 삼차방정식의 풀이법을 어렴풋이 알고 있었다. 둘은 30일을 기한으로 정하고 돈까지 걸며 공식적으로 대결을 펼쳤다.

처참히 질 것인가?

세상을 깜짝 놀라게 할 것인가,

자신이 받은 문제를 대충 훑어본 피오레는 자신이 못 풀 것을 알았기에 노력조차 하지 않았다. 피오레는 타르탈리아도 못 풀어서 비기기를 바랐다. 비긴다면 유명한 수학자 타르탈리아와 비슷한 수준인 셈이니 이름을 날릴 수 있으리라고 생각했다. 타르탈리아는 이 사실을 알지도 못한 채 아침부터 밤까지 서재에 틀어박혀 문제에 매달렸다. 피오레는 매일 타르탈리아 집에 가서 창문 너머로 슬쩍 그를 훔쳐봤다. 타르탈리아가 고개를 파묻고 있으면 아직 못 풀었다는 뜻이므로 안심하고 돌아갔다. 30일 기한이 코앞에 닥쳤지만, 타르탈리아는 문제를 풀지 못했다. 하지만 하늘은 스스로 돕는 자를 돕는다고 했던가, 밤낮으로 고민하던 타르탈리아는 결국 문제를 풀어 피오레를 이겼다. 바람을 이루지 못한 피오레는 세상의 관심에서 사라졌고 타르탈리아는 여기서 6년을 더 노력해 모든 일원삼차방정식의 풀이법을 찾았다.

1535년에 벌어진 둘의 대결에는 수학 애호가들의 관심이 집중되었다. 타르탈리아가 이기자 풀이법을 배우고 싶어 하는 사람이 넘쳐났다. 하지만 타르탈리아는 비결을 밝히지 않았다. 요즘의 수학자들은 연구 성과를 제일 처음 발표해야 이름을 알릴 수 있지만, 당시 수학자들은 새로운 것을 발견해도 비밀에 부쳤다. 새 발견을 필살기 삼아 다른 수학자에게 도전해서 이기면 명예와 돈을 손에 거머쥐었기 때문이다. 연구 성과를 마치 무협지의 귀한 무공서처럼 비밀로 간직했다.

이 풀이법은 훗날 수학자 카르다노가 타르탈리아에게 x^2항이 없는 일원삼차방정식과 x항이 없는 일원삼차방정식의 풀이법을 알고 싶다고 간곡히 부탁하며 알려지게 된다. 1539년 타르탈리아는 카르다노에게 비밀을 지키겠다는 맹세를 시키고 풀이법을 알려 주었나.

다행이야. 아직도 서재에 박혀 있군.

카르다노에게는 페라리라는 똑똑한 제자가 있었다. 카르다노와 페라리는 타르탈리아의 발견을 기반으로 모든 일원삼차방정식의 일반해라고 부를 수 있을 수준의 풀이법을 곧 찾아냈다. 둘은 뛸 듯이 기뻤지만 비밀을 지키기로 맹세한 탓에 공개할 수 없어 답답하기만 했다. 몇 년 뒤 타르탈리아도 모든 일원삼차방정식의 풀이법을 발견했지만 조용히 비밀로 간직했다.

그렇게 타르탈리아와 피오레의 대결 뒤 8년이 지난 1543년, 카르다노와 페라리는 볼로냐대학에서 페로의 사위 나베와 만났다. 이윽고 나베에게서 페로가 훨씬 전에 x^2항, x항이 없는 두 일원삼차방정식의 풀이법을 찾았다는 사실을 듣고 흥분을 감출 수 없었다. 페로가 타르탈리아보다 일찍 발견한 것이었기에 약속을 지키지 않아도 괜찮았기 때문이다. 그래서 1545년, 둘은 일원삼차방정식의 일반해를 《아르스 마그나 Ars Magna》라는 책에서 발표했다. 《아르스 마그나》에 실린 일원삼차방정식의 풀이법은 페로의 것이었고 페로를 맨 처음 풀이법을 찾은 사람이라고 밝혔다. 아울러 페라리는 삼차방정식을 기반으로 일원사차방정식의 일반해를 내놓았다. '수학 대전(大典)'이라는 뜻의 《아르스 마그나》는 수백 년 동안 중요한 대수학책으로 자리매김했다.

타르탈리아 VS 페라리

사실을 안 타르탈리아는 분노했고 카르다노가 믿음을 저버렸다고 생각했다. 그래서 카르다노를 비난하는 책까지 썼다. 당시 약속을 어기는 것은 매우 명예롭지 못한 행동이었다. 하지만 카르다노의 생각은 달랐다. 자신은 타르탈리아 전에 풀이를 발견한 페로의 연구 성과를 등에 업은 것이지 타르탈리아와는 관계없다고 생각했다. 사건은 큰 파문을 일으켰고 옳고 그름을 판단하기 힘들어지자, 남은 방법은 '결투'뿐이었다. 물론 칼부림이나 총싸움이 아닌 수학 문제를 서로 내서 푸는 결투였다. 카르다노는 제자 페라리를 내보냈고 결과는 페라리의 압도적 승리였다. 그리고 타르탈리아는 수학계를 떠났다. 이렇게 일원삼차방정식에 얽히고 설킨 뒷이야기는 명칭으로 남아 있다. 오늘날에는 일원삼차방정식의 표준 풀이에서 타르탈리아의 업적을 인정해 '카르다노-타르탈리아 공식'이라고 부른다.

그렇다면 일원삼차방정식의 일반해 공식이 있는데도 왜 중고등학교에서 가르치지 않느냐고 물을 수도 있다. 이유는 너무 복잡하기 때문이다.

중고등학교에서 일원삼차방정식 공식을 가르치지 않는 게 맞다. 암기할 수가 없기 때문이다. 공식에 숫자를 대입하더라도 여차하는 순간 틀려 버리기 때문에 모르는 편이 낫다.
수학을 공부하는 이유는 생활 속 문제를 수학 문제로 바꾸고 다양한 소프트웨어 수단으로 해결하는 법을 배우기 위함이다. 응용할 수도 없는 기교를 잔뜩 배우는 데 헛된 시간을 낭비하는 게 수학 공부의 목적은 아니다.

일원삼차방정식의 풀이 공식을 발견한 것은 중요한 의미가 있다. 풀이 자체도 중요하지만, 허수의 발명을 이끌었다는 사실이 더 중요하다. 일원삼차방정식의 공식에 음수의 제곱근이 있기 때문이다. 수학자들은 일원이차방정식을 풀 때 음수 제곱근을 마주했지만, 일원이차방정식은 실수해만 있다고 발표하면서 문제를 회피했다. 하지만 결국 일원삼차방정식에서는 피할 수 없었기에 허수를 발명해서 문제를 해결했다.

덧붙이자면 일원오차 이상의 방정식은 풀이 공식이 없고 컴퓨터의 도움으로 풀이야 한다.

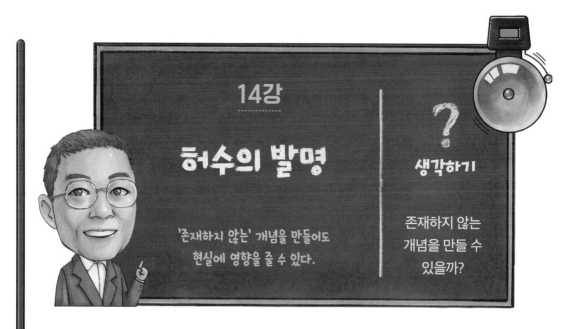

허수의 발명

'존재하지 않는' 개념을 만들어도
현실에 영향을 줄 수 있다.

생각하기 ?

존재하지 않는
개념을 만들 수
있을까?

일원삼차방정식이 풀린 뒤부터

일원삼차방정식 공식이 나오자 음수 제곱근 문제를 더는 피해 갈 수 없었다. 현실에서는 자신과 자신을 곱해 −1이 되는 수를 찾을 수 없으므로 $x^2+1=0$ 같은 방정식은 풀지 못한다고 생각했다. 16세기 전에는 음수 제곱근 문제를 꼭 짚고 넘어가야 할 상황은 벌어지지 않았기에 그냥 외면해 버렸다.

하지만 카르다노가 일원삼차방정식의 풀이를 발견하자 허수와 부딪혀야만 했다. 카르다노의 공식에서는 제곱근을 계산해야만 했고 루트 안 숫자가 음수일 가능성이 컸다. 하지만 루트 안 숫자가 음수여도 방정식의 해는 여전히 현실에 있는 숫자였다.

간단한 일원삼차방정식을 살펴보자. $x^3-15x-4=0$에서 해 중 하나는 분명히 4다. 카르다노의 공식에 따르면 다음과 같은 답이 나온다.

$$\sqrt[3]{2+\sqrt{-121}} + \sqrt[3]{2-\sqrt{-121}}$$

그런데 문제는 식에서 나오는 음수의 제곱근을 계산할 수 없다는 점이다. 사실 음수의 제곱근은 마지막에 사라진다. 카르다노는 이 문제를 풀기 위해 《아르스 마그나》에서 $\sqrt{-1}$ 개념을 내놓았다. 카르다노와 같은 시대의 이탈리아 수학자 라파엘 봄벨리는 $\sqrt{-1}$ 을 i로 표시했다. i는 라틴어 *imagini*의 첫 글자로 진실이 아닌 환상을 뜻한다. 실제로 없는 수를 만들어 냈기 때문에 **허수**라고 번역되었다.

허수 i 개념이 생기자 $\sqrt[3]{2+\sqrt{-121}} + \sqrt[3]{2-\sqrt{-121}}$ 을 계산할 수 있었다. 허수를 사용하면 $\sqrt[3]{(2+i)^3} + \sqrt[3]{(2-i)^3} = 2+i+2-i = 4$와 같다. 즉, 만들어 낸 허수 i가 자연스럽게 사라진다. i는 기하학의 보조선과 비슷한 역할을 한다. 원래 없던 선을 그어 만든 보조선이 없으면 문제를 풀 수 없지만, 있으면 문제가 쉽게 풀린다.

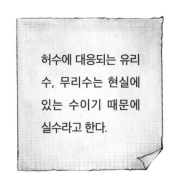

허수에 대응되는 유리수, 무리수는 현실에 있는 수이기 때문에 실수라고 한다.

없는 수를 만들어 냈어.

허수가 만들어졌지만 약 100년 동안 수학계는 자연계에 존재하지 않는 이 수를 탐탁지 않아 했다. 허수가 널리 알려진 것은 데카르트 덕분이었다. 데카르트도 처음부터 허수를 인정하지는 않았다. 하지만 파고들다 보니 허수가 쓸모 있는 도구라는 사실을 깨달아 허수가 어떤 역할을 하는지를 알렸다. 18세기 프랑스 수학자 드 무아브르와 스위스 수학자 오일러는 허수의 흥미로운 특성을 발견했다. 이 특성으로 실수 문제를 풀 수 있게 되자 허수를 연구하는 사람은 더욱 늘어났다.

그렇다면 방정식을 푸는 것 말고 또 어디에 허수를 쓸까?

수학에서 허수는 극좌표를 완벽하게 만들어 준다. 우리가 평소에 쓰는 좌표에는 크게 평면 직각 좌표와 극좌표기 있다. 평면 직각 좌표는 빌명한 프랑스 수학자 네카르트를 기념하는 의미에서 데카르트 좌표라고도 부른다. 도심지를 예로 들면 베이징의 지도를 평면 직각 좌표로 이해할 수 있다. 가서 보면 확실히 느끼겠지만 베이징의 길은 다 가로세로로 되어 있다. 이 좌표계의 중심은 천안문이다. 어떤 지점을 설명할 때는 천안문의 동쪽으로 3,000m, 북쪽으로 2,000m라고 말한다. 평면 직각 좌표계에서 특정 위치를 찾으려면 두 가지 정보가 필요하다. 수평 거리와 수직 거리를 알아야 한다.

평면 직각 좌표

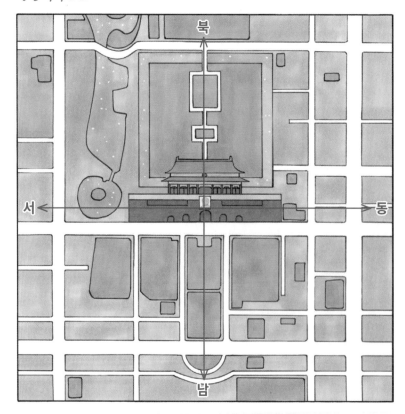

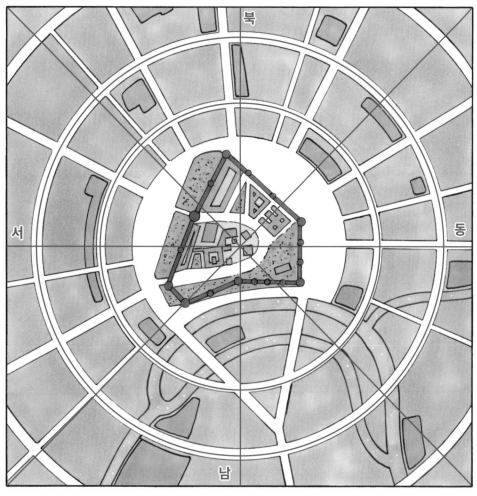

극좌표

하지만 모든 도시가 베이징처럼 가로세로로 반듯하지는 않다. 랜드마크를 중심으로 사방으로 커지면서 한 겹 한 겹 쌓는 형태로 건축된 도시도 있다. 예를 들어 모스크바에 가면 크렘린 궁전에서 시작해 사방으로 퍼지는 동심원을 볼 수 있다. 모스크바에서 위치를 찾거나 길을 가르쳐 줄 때는 동서남북을 쓰면 불편하다. 보통 "2시 방향으로 2,000m 가면 됩니다."라고 설명한다. 따라서 모스크바 같은 도시에서 위치를 찾을 때도 두 가지 정보가 있어야 한다. 하나는 중심지에서 바라본 방향(혹은 각도), 다른 하나는 거리이다. 이러한 좌표 시스템을 극좌표라고 하며, 극좌표의 중심이 바로 극점이다.

극좌표는 비행이나 항해 혹은 GPS를 사용할 때 일반적으로 쓰는 직각 좌표보다 보기 쉽고 편리하다. 이때 허수가 필요하다. 극좌표를 써서 다양한 계산을 하려면 허수는 없어서는 안 될 도구이다. 실수만 써서 계산하려고 하면 매우 불편하다.

허수는 물리학에서도 널리 쓰인다. 회로학, 전자기학, 양자역학, 상대론, 신호처리, 유체역학, 통제 시스템 모두 허수와 뗄 수 없는 관계다. 허수 없이는 물리학 개념들을 분명히 표현하기 힘들다.

허수의 등장으로 수를 이해하는 폭이 확 넓어졌다. 수를 형상이 있고 구체적이며 진실한 것으로 이해하던 수준에서 순수한 추상적 개념으로 인식하는 수준으로 올라섰다. 허수가 등장하자 사람들은 허수와 실수를 합쳐 복소수라고 부르게 되었다. 복소수도 현실에 없는 수지만, 현실 속 여러 문제를 해결하는 데 도움이 된다.

인류의 가장 큰 특기는 법, 국가, 주식회사, 화폐, 주식 등 원래 없던 개념을 만들어 내는 것이다. 인류가 법, 주식 등을 만들지 않았다면 오늘날 사회는 높은 수준으로 발전할 수 없었다. 수학의 허수 역시 마찬가지이다. 허수와 같은 다양한 허구 개념 문제를 해결하는 연습을 하며 인류는 보다 창의적으로 생각할 수 있게 된 셈이다.

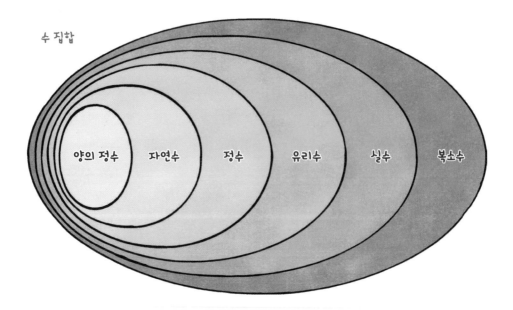

수 집합

양의 정수 · 자연수 · 정수 · 유리수 · 실수 · 복소수 허수와 복소수가 생기자 인류의 수에 대한 인식이 완전해졌다. 왼쪽의 그림 '수의 집합'은 인류가 수를 인식하는 과정과 수의 관계를 정리한 것이다.

인류가 맨 처음 인식한 것은 양의 정수였다. 이후 0을 알며 자연수 개념이 생겼다. 뒤이어 두 정수의 비로 표시할 수 있는 유리수, 0보다 작은 수인 음수를 알았다.

피타고라스 시대에는 피타고라스의 정리를 통해 유리수가 아닌 다른 수, 즉 무리수가 있다는 사실을 알았다. 유리수와 무리수를 합쳐서 실수라고 한다.

16세기에는 방정식을 풀어야 한다는 문제의식에서 허수 개념을 만들었고 실수와 허수를 합쳐서 복소수라는 명칭을 만들었다. 이렇게 인류는 아주 오랫동안 다양한 수를 깨달으며 수학을 발전시켜 왔다.

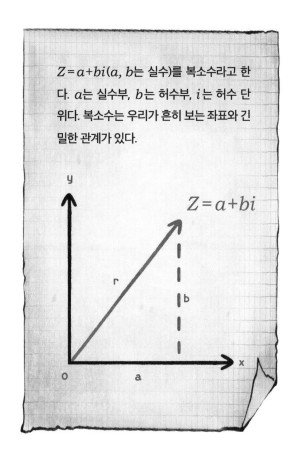

$Z = a + bi$(a, b는 실수)를 복소수라고 한다. a는 실수부, b는 허수부, i는 허수 단위다. 복소수는 우리가 흔히 보는 좌표와 긴밀한 관계가 있다.

$$Z = a + bi$$

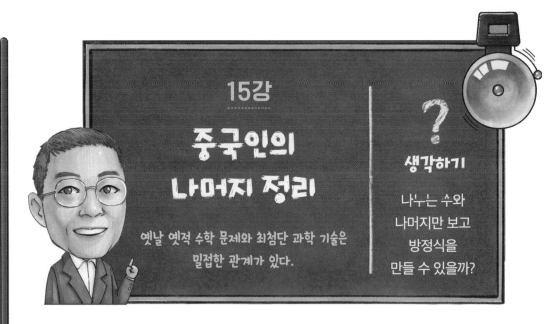

15강

중국인의 나머지 정리

옛날 옛적 수학 문제와 최첨단 과학 기술은 밀접한 관계가 있다.

생각하기

나누는 수와 나머지만 보고 방정식을 만들 수 있을까?

중국에는 다음과 같은 오래된 수학 문제가 있다.

"어떤 수를 3으로 나누면 나머지가 2, 5로 나누면 나머지 3, 7로 나누면 나머지 2인 수가 있다. 이 수를 구하라."

몇 개인지 모르는 물건이 있다. 3개씩 세면 2개가 남고, 5개씩 세면 3개가 남고, 7개씩 세면 2개가 남는다. 이 물건은 몇 개인가?

한신을 도와 병사를 모으려면 어떻게 해야 할까?

'진왕秦王의 병사 모집법', '한신韓信의 병사 모집법' 등 여러 이름으로 불리는 이 문제는, 남북조 시기의 수학책《손자산경孫子算經》에서 맨 처음 등장한 문제이다. 물론 진왕이나 한신이 실제 이 방법으로 병사를 모집하진 않았을 것이다. 전쟁 준비도 바쁜 와중에, 일부러 어려운 문제로 자기 자신을 괴롭힐 사람이 어디 있겠는가?

이 문제는 수학 지식이 별로 없어도 대충 꿰맞추는 식으로 답을 구할 수 있다. 예를 들어 3으로 나누어 2가 남는 수는 5, 8, 11, 14 등에서 찾으면 된다. 5로 나누어 3이 남는 수는 8, 13, 18, 23 등에서 찾는다. 비슷한 방법으로 7로 나누어 2가 남는 수는 9, 16, 23, 30에서 찾는다. 그리고 마지막에 겹치는 수를 구하면 된다.

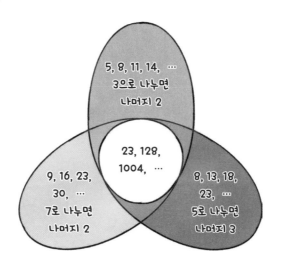

집합으로 나타내면 그림에서 겹치는 부분, 즉 교집합이 답이다.

조건을 만족하는 가장 작은 숫자는 23이다. 곱셈의 분배법칙을 안다면 두 번째 답도 구할 수 있다. 조건인 3, 5, 7을 곱하면 3×5×7=105이다. 여기에 23을 더한 128도 세 가지 조건을 다 만족한다. 하지만 명색이 대장군인 한신이 고작 23명, 128명을 모으진 않았을 것이다. 1,000명 이상의 돌격대를 꾸린다고 가정해도 조건에 맞는 수를 쉽게 구할 수 있었을까?

《손자산경》에서 《수서구장 數書九章》까지

훗날 정수끼리 나누어 나온 나머지를 기반으로 원래의 정수를 찾는 이러한 문제를 수학적으로 '선형합동식'이라고 부르게 되었다. 쉽게 생각하면 방정식이라고 생각하면 된다.

'3으로 나누면 나머지가 2, 5로 나누면 나머지가 3, 7로 나누면 나머지가 2'는 다음과 같이 연립 방정식 3개로 표현할 수 있다. 여기서 우리는 x를 구해야 한다.

$$\begin{cases} x = 3k + 2 \\ x = 5m + 3 \\ x = 7n + 2 \end{cases}$$

미지수가 4개인데 식은 3개밖에 없으니 이 연립 방정식의 답은 여러 개일 수 있다. 앞에서처럼 '23, 128, 1,004…' 등 많은 답이 나온다.

별이 반짝이는 하늘을 보게.

《손자산경》은 맨 처음 이런 문제를 언급한 수학책이다. 답을 내놓긴 했지만, 이론적으로 설명하지 못한 점이 못내 아쉽다.

맨 처음 풀이법을 찾고 증명한 사람은 인도의 수학자이자 천문학자인 아리아바타이다. 아리아바타는 5세기 말에서 6세기 중엽에 살았던 사람으로, 수학자로서는 원주율을 소수점 아래 다섯 번째 자리까지 계산했다. 천문학자로서는 관측을 통해 지동설을 주장했고 일식과 월식이 생기는 원인을 알아냈다. 그래서 1975년 발사된 인도의 첫 번째 인공위성 이름도 '아리아바타'이다.

알렉산더 와일리와 이선란

이선란 李善蘭은 근대의 수학자이자 천문학자, 역힉자, 식물힉자다. 2차 제곱근의 멱급수 전개식을 만들고 다양한 삼각함수와 역삼각함수, 대수함수의 멱급수 전개식을 연구했다.

아리아바타는 '구조법'으로 이런 문제를 풀었다. 수학에서 '구조법'이란 문제를 단계별로 풀어 답이 있음을 증명하는 것을 말한다. 이후 남송 수학자 진구소秦九韶도 구조법을 써서 완벽한 답을 구했다. 진구소의 풀이는 1247년 쓰인 《수서구장》에 적혀 있다.

19세기 초 영국의 한학자이자 런던 선교회의 선교사인 와일리는 《수서구장》을 번역해 서양에 소개했다. 유럽인들은 《수서구장》을 통해 '중국인의 나머지 정리'를 포함하여 중국 고대 수학의 성과를 알게 되었다. 서양에서 맨 처음 나온 완벽한 해법은 가우스가 1801년에 발견한 것이었다.

와일리는 중국과 서양 문화 교류에 크게 이바지했다. 그는 중국에서 거의 30년을 살았는데 당시 이선란과 힘을 모아 서양 과학책 《기하원본幾何原本》, 《수학계몽 數學啓蒙》, 《대수학代數學》 및 수학 교재 등을 소개하고 중국어로 번역했다. 아울러 《역경易經》, 《시경 詩經》, 《춘추春秋》, 《대학大學》, 《중용中庸》, 《논어 論語》, 《맹자 孟子》, 《예기禮記》 등 중국의 대표적 책과 중국 문화를 서양에 알리기도 했다. 서양인이 굴원, 이백, 소동파 등을 알게 된 것은 와일리 덕분이다.

다시 중국인의 나머지 정리 문제를 파고들면 초급 **수론** 분야라는 사실을 알 수 있다. 중국인의 나머지 정리는 초급 정수론의 주요 개념인 '합동'을 제시했다는 점에서 의미 있다. x와 a를 같은 수 m으로 나눈 나머지가 같으면 x와 a는 m에 대해서 합동이라고 한다. $x \equiv a \pmod{m}$이라고 쓰고 "x는 $a \bmod m$이다." 라고 읽는다. 이때 x와 a는 정수이고 m은 양수이다.

> 수론은 순수 수학 분야로 정수의 성질을 연구하며 다양한 수들 사이의 심오하고 미묘한 관계를 연구한다. 예를 들어 피타고라스의 세 수, 페르마의 정리 등이 있다.

합동 개념을 알면 중국인의 나머지 정리를 아래처럼 나타낼 수 있다. 이를 '일반적 묘사'라고 한다.

$$(S): \begin{cases} x \equiv a_1 \pmod{m_1} \\ x \equiv a_2 \pmod{m_2} \\ \quad\vdots \\ x \equiv a_n \pmod{m_n} \end{cases}$$

즉 m_1으로 나눈 나머지 a_1, m_2로 나눈 나머지 a_2를 쭉 지나 m_n으로 나눈 나머지 a_n의 정수를 찾아야 한다. 물론 조건이 많아져도 공식에 대입해서 계산하면 된다.

암호 속 합동 문제

수론에서 합동 문제는 매우 중요하다. 합동은 근세의 대수, 컴퓨터 대수, 암호학, 컴퓨터 과학과 밀접한 관계가 있으며 특히 암호학에서 널리 쓰인다. 예를 들어 국제 은행 계좌번호(IBAN)는 mod 97(나누는 수가 97이었을 때 합동)로 고객이 입력한 비밀번호가 맞는지 확인한다. 이밖에 요즘 흔히 쓰는 RSA 암호와 디피-헬만 키 교환 등 공개키 암호 알고리즘은 모두 합동을 기반으로 한다. 블록체인에 쓰는 타원곡선암호 알고리즘과 새로운 암호도 마찬가지이다. 굉장히 복잡하게 들리는 단어들이지만 어쨌든 모두 간단한 합동이 기초라는 사실만 알아도 충분하다.

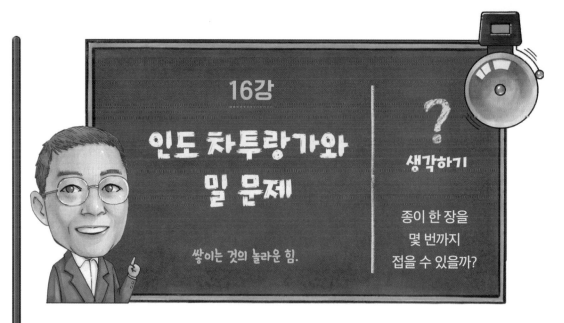

차투랑가와 밀 문제는 널리 알려진 재미있는 수학 이야기이다. 차투랑가와 밀 문제는 여러 버전이 있지만, 1256년 이슬람교 샤피학파의 학자인 이븐 할리칸이 기록한 내용이 가장 오래되었다.

진격의 밀

고대 인도에 어떤 왕이 있었다. 왕은 재상인 시싸가 만든 체스 게임이 너무 좋아서 상을 주기로 했다. 시싸가 원하는 상은 단순하고 돈도 많이 들지 않을 것 같았다. 밀을 달라고 했기 때문이었다. 하지만 여기엔 교묘한 속셈이 숨어 있었다.

시싸는 체스판에서 첫째 칸에 밀을 1알, 둘째 칸에 2알, 셋째 칸에 4알, 넷째 칸에 8알을 놓고 남은 칸도 같은 방식으로 2배씩 늘려서 64개 칸을 가득 채워 달라고 했다.

왕은 고작 밀 몇 알이니 대수롭지 않게 여겼다. 주고도 남을 것이라는 생각에 창고 관리자에게 밀 한 자루를 가져오라고 했다. 그런데 시싸의 요구대로 칸마다 밀을 놓았더니, 20칸 만에 한 자루가 바닥났다. 문제는 그다음이었다. 바로 다음 칸에서는 한 자루가 통으로 들어갔고 그다음 칸에서는 두 자루가 들어갔다. 이런 식으로 가다가는 창고에 만 자루가 있다고 한들 반도 못 채울 판이었다.

왕은 창고 관리자에게 밀이 얼마나 필요한지 꼼꼼히 헤아려 보라고 명령했다. 결과를 들은 왕은 깜짝 놀랐다. 체스판을 가득 채우려면 1조 톤이 필요했다. 2020년 세계 밀 생산량이 7억 톤이었으니, 재상이 요구한 밀은 전 세계에서 1400년 동안 생산한 양에 맞먹었다. 이 불쌍한 왕이 무슨 수를 써도 채우지 못할 수준이었다.

제가 감히 어떻게 폐하를 골탕 먹이겠습니까.

이야기가 어떻게 끝났는지를 두고 여러 가지 설이 있다. 왕이 시싸에게 빚을 졌다거나, 화가 머리 꼭대기까지 난 왕이 욕심 많은 시싸를 사형시켰다는 결말도 있다. 어떤 결말이든 왕은 약속을 지키지 못했다. 주어야 할 밀의 양이 무시무시하게 많았기 때문이다.

창고 관리자처럼 밀의 양이 얼마나 많은지 계산해 보자. 시싸가 요구한 밀은 $1+2+4+8+16+\cdots+2^{63}$이다. 각 항이 앞항보다 2배씩 많아진다. 즉 뒷항과 앞항의 비율이 2이며, 모든 항은 더해진다. 이것을 등비급수 혹은 기하급수라고 한다. 이 숫자들을 전부 합치면 얼마일까?

$$1+2 = 3 = 2^2 - 1$$
$$1+2+4 = 7 = 2^3 - 1$$
$$1+2+4+8 = 15 = 2^4 - 1$$
$$\cdots$$

위 식을 잘 살펴보면 다음과 같은 규칙이 나온다.

$$1+2+4+8+16+\cdots+2^{63} = 2^{64} - 1$$

증명은 어렵지 않지만, 그냥 설명하지 않고 넘어가겠다. 2^{64}는 대략 1,800조다. 밀 한 알 무게가 약 0.064g이라고 한다면 총무게가 약 1.2조 톤인 셈이다. 창고 관리자의 계산은 틀리지 않았다.

밀의 양이 왜 이렇게 확 늘었을까? 2배로 느는 게 놀라울 만큼 빠르기 때문이다. 매번 정해진 배수만큼 느는 것을 지수적 성장이라고 한다. 일반적으로 매번 증가하는 배수를 r로 나타낸다. 앞의 체스 이야기에서는 $r=2$다.

$r=2$인 지수적 성장 추세를 그리면 다음과 같다. 가로축은 늘어나는 지수고 세로축은 지수에 따라 늘어나는 양이다. 세로축에서 한 칸은 250이다. 이 함수는 초반에는 빨리 커지지 않지만, 어떤 점을 지나면 확 올라가고 뒤로 갈수록 거의 수직에 가깝다. 종이에 가로축을 64까지 그린다면 세로층의 높이는 무려 400억km가 된다. 태양과 지구의 거리가 1억 5,000만km이니 상상을 초월하는 길이인 셈이다.

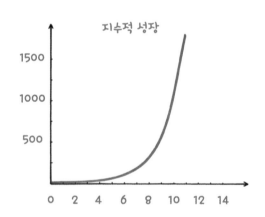

하노이의 탑

사람들은 기하급수적으로 느는 것을 종종 과소평가한다.

고대 인도에도 이와 비슷한 이야기가 있다. 기하급수적 증가가 얼마나 빠른지를 설명하는 '하노이의 탑' 이야기다.

어떤 사원에 A, B, T라는 기둥이 3개 있다. A에는 링이 64개 묶여 있는데 큰 링

위에 작은 링을 놓은 형태이다. 다음의 규칙대로 링을 A에서 B로 옮겨야 한다.

1. 한 번에 링 하나만 옮긴다.
2. 작은 링을 큰 접시 밑에 둘 수 없다.
3. T에 링을 잠시 둘 수 있지만, 2번 규칙을 어겨서는 안 된다.

링 64개를 A에서 B로 옮기려면 어떻게 해야 할까?

결과를 먼저 말하면 세상이 망하기 전에는 링 64장을 A에서 B로 다 옮길 수 없다. 링 64장을 옮기는 것은 매우 복잡하다. 2장뿐이라면 그림처럼 3단계 만에 옮길 수 있다.

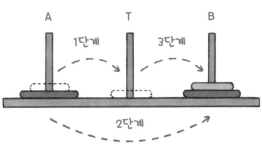

링 옮기기가 이렇게 복잡할 줄 몰랐을 걸.

3장을 옮기려면 일곱 번 움직여야 한다. 제일 밑의 세 번째 링을 A에서 B로 옮기려면 위의 2장을 A에서 잠시 T로 옮겨야 하므로 세 번 움직인다. 이어 세 번째 링을 A에서 B로 한 번 옮기고 마지막에 T에 있는 링 2장을 B로 옮기는 데 세 번 움직여야 한다. 그래서 총 3+1+3 = 일곱 번이 나온다.

64장을 옮기는 것도 비슷하지만, 과정이 훨씬 성가시다. 움직여야 하는 횟수는 $2^{63}+2^{62}+\cdots+2+1$과 같다.

이 횟수는 앞의 밀의 양과 비슷하다. 스님이 느긋하게 1분에 접시 1장을 옮긴다고 치자. 그렇다면 무려 5800억 년 뒤에나 수월해 보였던 접시 옮기기를 끝낼 수 있다. 우주 나이가 138억 년, 지구 나이가 46억년밖에 안 됐으므로 규칙대로 접시 64장을 옮기려면 어마어마한 시간을 기다려야 한다.

밀과 접시 이야기는 인류가 13세기나 혹은 더 일찍부터 지수적 성장이 매우 빠르다는 사실을 알았다는 것을 말해 준다. 이런 등비급수의 각 항 1, 2, 4, 8, 16 … 을 다 적은 숫자의 나열을 등비수열 혹은 기하수열이라고 부른다.

또다시 복리 문제

앞에서 나왔던 복리도 비슷한 이치이다. 물론 현실에서 돈을 두 배씩 훅훅 불려 주는 적금 상품은 없다. 하지만 일정 증가율만 유지하면서 충분히 오랫동안 계속되면 복리 효과를 분명히 볼 수 있다. 100만 원을 주식에 투자하고 연 증가율이 7.2%라고 가정하자. 돈은 10년 뒤에는 2배, 20년 뒤에는 4배,

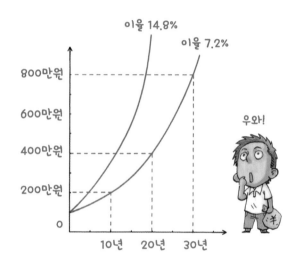

30년 뒤에는 8배 많아진다. 즉 입사하자마자 주식에 투자하면 퇴직할 때 노후 자금을 충분히 마련할 수 있는 것이다. 물론 현실의 주식 시장엔 알 수 없는 변수가 많긴 하지만 말이다.

반대로 우리가 돈을 빌렸다고 생각해 보자. 이때도 이자는 어느 순간 큰 폭으로 불게 된다. 몇 년 뒤 이자가 불고 불어서 엄청난 숫자가 되면 한순간에 감당하기 어려운 정도의 이자를 내야 한다. 순식간에 나락으로 빠지는 것이다. 그러므로 돈을 빌릴 때는 이런 점을 고려하여 여러 번 생각해야 한다.

위대한 수학자의 똑똑한 수학 풀이

등비수열의 특성

등비급수와 등비수열에 대해서는 세 가지를 반드시 알아야 한다.

첫째, 등비수열에서 쌓여 가는 수량은 전반부보다 후반부가 훨씬 많다. 특히 2배 증가에서는 마지막 항 하나가 앞의 모든 항을 더한 수와 맞먹는다. 예를 들어 어떤 연못에서 연잎이 자라는 속도가 매일 2배씩 빨라지고, 연잎이 20일이면 연못을 가득 채운다고 가정하자. 그럼 며칠째에 연못의 반을 채우게 될까? 10일이라고 생각할지도 모르지만, 사실 19일째에 반을 채운다. 그리고 20일째의 면적이 앞 19일의 면적을 모두 합친 것과 같다. 체스판 이야기에서 마지막 한 칸에 놓아야 하는 밀의 양 역시 앞의 모든 칸의 밀의 양을 다 합친 것과 맞먹을 것이다.

둘째, 비율을 알아야 한다. 앞의 예에서는 등비수열의 비율이 1보다 컸다. 즉 뒷항의 숫자가 앞항의 숫자보다 컸다. 하지만 등비수열의 비율이 1보다 작을 수도 있다. 예를 들어 비율이 $\frac{1}{2}$이면 시작할 때 숫자가 아무리 커도 뒤로 가면 확확 작아지고 결국 0에 가까워진다. 어떤 덜렁거리는 부자가 10억 원을 가지고 투자하는데, 할 때마다 반을 손해 본다고 하자. 10억은 꽤 큰 돈이지만, 사실 10번 만에 99.9%를 잃는다.

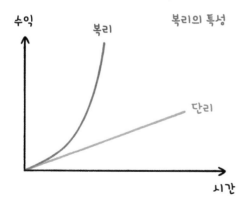

복리의 특성

셋째, 공비(등비수열에서 어떤 항의 그 앞의 항에 대한 비)가 아무리 큰 등비수열이라도 처음에는 뚜렷하게 증가하지 않는다. 복리의 효과를 보려면 충분한 시간이 필요하다고 했다. 옆의 그림에서 보듯이 등비수열에서는 어떤 점을 계기로 하여, 이 전환점을 지나면 눈에 띄게 증가한다.

등비수열과 등비급수는 고등 수학에서 중요한 개념으로, 수량의 변화와 무한대까지 커지는 극한을 연구하는 데 쓰였다. 두 개념은 자연 과학과 경제학에서도 중요한 이론 도구이다.

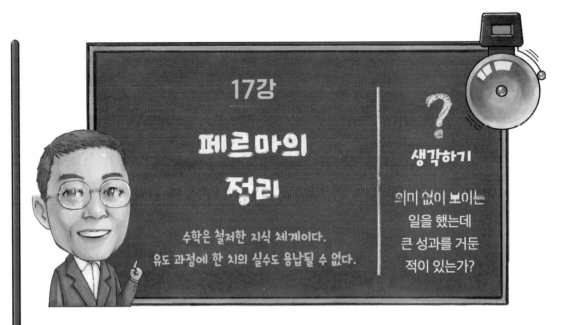

17강

페르마의 정리

수학은 철저한 지식 체계이다.
유도 과정에 한 치의 실수도 용납될 수 없다.

? 생각하기

의미 없이 보이는
일을 했는데
큰 성과를 거둔
적이 있는가?

피타고라스의 정리는 $a^2 + b^2 = c^2$이다. 그렇다면 $a^4 + b^4 = c^4$이 되는 정수를 찾을 수 있을까? 4를 5, 6, 7…로 바꾸면 어떻게 될까? 이를 부정방정식의 정수해 문제라고 한다. 한 방정식에 미지수가 여러 개이며 일정한 해가 정해지지 않아서 부정방정식이라고 부른다. 부정방정식 문제를 처음 생각한 사람은 고대 로마의 수학자 디오판토스였다. 하지만 문제 수가 많아도 너무 많아서 디오판토스도 체계적인 풀이법을 찾아낼 수는 없었다.

나는 추측할 테니, 그대가 푸시오.

페르마가 내놓은 추측

1637년 프랑스 수학자 페르마는 디오판토스의 《산술》을 읽다가, 11권 8번 명제 옆 빈 곳에 다음과 같이 적었다.

"정수의 세제곱을 2개의 세제곱들로, 또는 네제곱을 2개의 네제곱들로, 또는 일반적으로 제곱을 넘어가는 임의의 거듭제곱을 같은 지수의 두 거듭제

곱으로 분리하는 것은 불가능하다. 나는 이 정리를 증명했지만, 여백이 너무 좁아서 쓰지 않는다."

페르마의 말을 수학으로 정확하게 표현하면 다음과 같다. $n = 2$ 외에 $a^n + b^n = c^n$을 만족하는 정수 a, b, c는 없다는 것이다.

이 명제는 페르마의 추측이라고 불렸으며 현재는 페르마의 정리라고 한다. 간단해 보이는 문제 하나 때문에 사람들은 350년 동안 고민에 빠졌다. 페르마의 추측이 나오고 많은 수학자가 줄줄이 이를 증명하기 위해 도전했지만, 어렵다는 사실만 깨달았기 때문이다.

사람들은 페르마가 증명을 찾았다고 썼기에 증명이 별로 어렵지 않다고 생각했다. 하지만 사실은 전혀 쉽지 않았다. 페르마 역시 당시 그의 지식으로는 이 머리 아픈 문제를 증명할 수 없었지 않았을까 싶다.

1770년에는 대수학자 레온하르트 오일러가 $n = 3$일 경우에 $a^3 + b^3 = c^3$가 되는 정수 a, b, c는 없다는 것을 증명하면서 페르마의 추측이 성립했다. 즉 두 세제곱으로 분리되는 세제곱은 없었다. 1825년에는 가우스와 프랑스의 여성 수학자 **소피 제르맹**이 거의 동시에 $n = 5$일 경우를 증명했다.

그 이후에도 200년 동안 수학자들은 페르마의 추측을 만족하는 특정 값 n을 찾아냈지만, 일반성을 증명할 방법이 전혀 없었다. 1908년, 독일인 파울 볼프스켈은 맨 처음 페르마의 추측을 증명하는 사람에게 10만 마르크를 상금으로 주겠다고 선언했다. 많은 사람이 앞다투어 증명 과정을 내밀었지만, 대부분 엉터리였다.

소피 제르맹은 19세기의 수학자로 유명 수학자 라그랑주가 스승이었다. 1830년 가우스의 추천으로 괴팅겐 대학교에서 명예박사 학위를 받았다.

여기 증명이요!

아니, 제 증명 보세요!

물론 그중에는 돈 때문이 아닌, 새로운 분야를 알아가고 싶은 수학자들도 많았다. 그들은 페르마의 추측을 꾸준히 연구했지만 대부분 방향을 제대로 찾지 못했다.

와일즈의 증명

이는 1955년이 되어서야 전환점을 맞이했다. 같은 해 9월에 일본 수학자 다니야마 유타카가 타원곡선과 수론의 관계를 설명하는 추측을 내놓았다. 1957년, 다니야마 유타카는 시무라 고로와 함께 이 추측을 더 정확하게 설명했다. 이것이 다니야마-시무라 추측이다. 하지만 유감스럽게도 1958년에 다니야마가 자살하면서 연구는 잠시 중단되었다. 그리고 1980년대에 들어 독일 수학자 게르하르트 프라이가 다니야마-시무라 추측이 증명되었다면 페르마의 추측도 증명할 수 있다고 하자, 수학자들의 관심이 다시 집중되었다. 그중 가장 돋보인 사람이 영국의 젊은 수학자 앤드루 와일즈이다.

와일즈는 1953년 지식인 가문에서 태어났다. 열 살에 페르마 정리에 빠져 수학을 전공하기로 마음먹었다. 와일즈는 초중등 수학으로는 절대 풀 수 없는 문제를 증명하려고 덤비지 않고 오래 훈련하고 충분히 준비했다. 1986년, 프린스턴대학에서 교수로 지내며 서른세 살을 맞이한 와일즈는 10년의 준비 끝에 페르마의 추측을 증명할 시기가 왔다고 생각하여 온 힘을 쏟았다. 그전까지는 논문 발표도 활발히 했지만 혹시 다른 사람이 자신의 연구에서 영감을 얻어 먼저 증명할까 봐, 관련 논문도 발표하지 않았다. 물론 페르마의 추측처럼 어려운 문제를 혼자 고민하면 막다른 길을 마주할 수 있고, 유도 과정에서 생긴 논리적 오류를 그냥 지나칠지도 모른다고 생각했다. 그래서 그는 프린스턴대학의 강의를 최대한 활용했다. 강의에서 자기 생각을 설명하고 박사생들에게 오류를 찾아보도록 하기도 했다.

무대를 여러분에게 넘기겠습니다.

1993년 6월 말, 준비를 마쳤다고 생각한 와일즈는 고향 케임브리지로 돌아갔다. 그리고 케임브리지대학의 뉴턴 연구소에서 보고회를 세 번 열었다. 깜짝 놀라는 반응을 기대하며 보고회를 하는 이유를 알리지 않았기에 1, 2회 차에는 참석자가 많지 않았다. 하지만 이내 다들 와일즈가 페르마의 정리를 증명하려 한다는 것을 알아차렸고, 1993년 6월 23일 열린 마지막 보고회는 시끌벅적했다. 내용을 이해한 사람은 겨우 25% 정도였겠지만, 역사적 순간을 직접 보기 위해 온 사람이 대부분이었다. 참석자들은 카메라를 들었고 연구소장은 샴페인을 준비했다. 와일즈는 페르마 정리의 증명 과정을 다 쓰고 침착하게 말했다.

"이쯤에서 끝내는 게 좋겠습니다."

박수갈채가 한참 이어졌다. 이는 20세기 뉴턴 연구소에서 가장 중요한 보고회로 손꼽히는 날이었다. 뉴욕타임스는 '유레카(Eureka)'라는 타이틀로 와일즈의 발견을 보도했다. 유네가는 아르키메데스가 부력의 원리를 깨닫고 외친 말로 "알아냈어!"라는 뜻이다.

'작은' 구멍을 메우다

옥에 티는 있었다. 와일즈가 쓴 170쪽 분량의 증명 과정에서 아주 사소한 오류가 발견된 것이다. 와일즈와 사람들은 이 사소한 오류가 곧 해결되리라고 생각했다. 하지만 이 작은 구멍이 증명을 뒤집고 말았다. 와일즈는 반년 동안 혼자 연구했지만, 아무 진전이 없었다. 그는 프린스턴대학의 수학자에게 어려움을 토로했고 함께 연구할 수 있는 믿을 만한 사람을 찾으라는 조언을 들었다.

와일즈는 고민 끝에 케임브리지대학의 수학자인 리처드 테일러에게 부탁했다. 와일즈와 테일러는 프린스턴대학에서 연구를 이어 갔으며, 마침내 1995년에 다니야마-시무라 추측의 특수 케이스(타원곡선)를 함께 증명했다. 이 특수 케이스가 증명되자 페르마의 추측도 어렵지 않게 풀렸다. 이전의 실수 때문에 꿈을 꾸는 게 아닌가 싶었던 와일즈는 밖에 나가 20분을 걸었다. 이내 꿈이 아님을 깨닫자 기쁨이 솟구쳤다.

그는 마흔을 넘기고 증명에 성공했기에 수학계의 노벨상인 **필즈상**을 받을 수 없었다. 하지만 세계 수학자대회는 와일즈의 성과를 인정하여 파격적으로 특별상을 수여했다. 이것은 지금까지도 유일한 특별상이다. 훗날 와일즈는 수학 분야의 공로를 인정받아 울프상까지 받았다.

필즈상은 캐나다 수학자 존 찰스 필즈가 만든 국제 수학상으로 1936년 처음 수여했다. 수학 분야의 최고 영예로서 수상자는 마흔 살 미만이어야 하고 상금은 1만 5천(약 1,500만 원) 캐나다 달러를 받는다. 노벨상에 수학 분야가 없어 필즈상이 '수학계의 노벨상'이라고 불린다.

테일러는 와일즈의 연구를 기반으로 다니야마-시

무라 추측의 일반 케이스를 계속 연구했고 1999년 크리스토프 브뢰이유, 브라이언 콘래드, 프레드 다이아몬드와 함께 성공적으로 이를 증명해 냈다. 테일러도 미국 클레이 수학연구상과 2015년에 **브레이크스루상**을 받는 등 여러 상을 받았다.

이렇게 모든 증명이 완료되어서야 페르마의 추측과 다니야마-시무라 추측은 '페르마의 정리'와 '다니야마-시무라의 정리'로 바뀌었다.

와일즈가 페르마의 정리를 증명하는 과정에서 알 수 있듯, 수학은 세상에서 가장 철저한 지식 체계이다. 유도 과정에 그 어떤 구멍도 용납되지 않는다. 와일즈 역시 사소한 실수로 연구를 망칠 뻔했다.

이번엔 정말 성공이야.

브레이크스루상은 노벨상의 부족함을 보완한다. 노벨상은 연구의 성과가 검증되어야만 수여하지만, 브레이크스루상은 연구를 통해 과학 분야에 크게 이바지한 젊은 과학자를 독려한다. 상금도 노벨상보다 훨씬 많은 300만 달러이기 때문에 금전적 지원을 받은 수상자가 더 큰 성과를 낼 수 있다.

그런데 이렇게 고생하면서까지 옛날 옛적 수학 문제를 증명하는 게 무슨 의미가 있을까? 증명 자체와 별도로, 증명하는 과정에서 새로운 성과들이 나오는 것에 주목할 수 있다. 페르마의 정리를 증명하는 과정에서도 다양한 연구 성과가 나왔다. 그중 특히 타원의 방정식 연구가 대표적이다. 블록체인 기술에 쓰는 타원곡선 암호화 알고리즘도 타원의 방정식을 기반으로 한다. 비트코인도 다니야마의 이론을 응용한 것이다. 증명하는 과정을 통해 새로운 성과를 찾아내고, 이를 통해 새로운 기술을 만드는 것이야말로 학문의 가장 큰 의의가 아닐까?

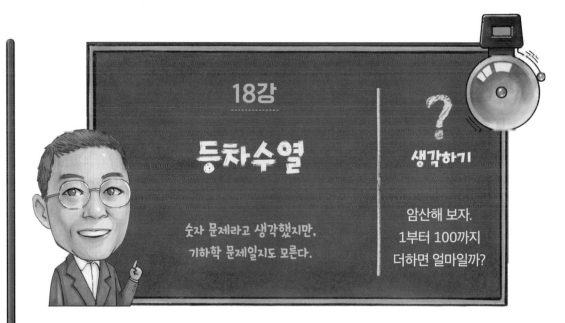

숫자 문제라고 생각했지만, 기하학 문제일지도 모른다.

암산해 보자. 1부터 100까지 더하면 얼마일까?

어린 시절 선생님께서 1부터 100까지 더하면 얼마냐는 문제를 내주셨다. 숫자를 100개나 더하려니 다들 실수투성이였다. 반 친구 20명 중에 정확하게 대답한 사람은 한 명도 없었다. 집에서 시무룩해진 나를 보며 아버지는 답을 내 주셨다. 99번이나 더할 필요 없는 특별한 풀이법으로 말이다.

일단 1부터 100까지의 덧셈식을 쓰면 다음과 같다.

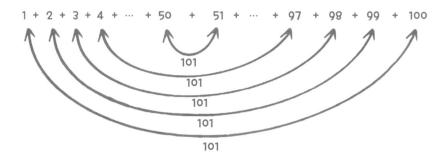

$$1 + 2 + 3 + 4 + \cdots + 50 \quad + \quad 51 + \cdots + 97 + 98 + 99 + 100$$

101
101
101
101
101

무엇이 보이는가? 왼쪽 끝 첫 번째 숫자 1과 오른쪽 끝 첫 번째 숫자 100을 더하면 101이다. 왼쪽 두 번째 숫자 2와 오른쪽 두 번째 숫자 99를 더해도 101이다. 같은 방법으로 계속하면 중간의 두 숫자 50과 51을 더해도 101이 나온다. 1부터 100까지 두 수를 더해 101이 되게 짝을 지으면 50개 조가 나온다. 따라서 1+2+3+4+…+

$50+51+\cdots+97+98+88+100=101\times50=5050$이다.

가우스의 덧셈

이렇게 1부터 100까지 더하는 깃은 복잡하지 않지만, 초등학생이 이런 간단한 방법을 생각해 내기란 쉽지 않다. 하지만 세상엔 언제나 수학 천재가 있다. 독일 수학자 가우스는 열 살에 혼자 1부터 100까지 더하는 이 방법을 생각해 냈다. 버트나 선생님이 칠판에 문제를 쓰자마자 풀었다고 한다.

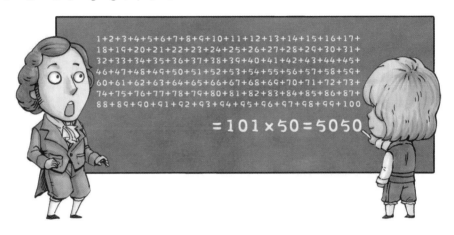

가우스를 연구한 수학 역사학자 에릭 템플 벨은 고증을 거쳐 이같은 사실을 밝혀냈다. 사실 버트나 선생님이 낸 것은 더 어려운 아래의 덧셈이었다.

$$81297+81495+81693+81891+\cdots+100701+100899$$

똑같이 숫자 100개를 더하는 문제지만 이웃하는 두 숫자의 차가 198이다. 앞의 1부터 100까지의 합을 계산했던 방법으로 풀어 보자. 왼쪽 끝과 오른쪽 끝의 대응하는 두 숫자를 더하면 182196이다. 그러므로 $81297+81495+81693+82891+\cdots+100701+100899=182196\times50=9109800$이 된다.

선생님이 길고 긴 식을 다 쓰자마자 가우스는 계산을 마쳤다. 그리고 답을 적은 식판을 내밀었다. 에릭 템플 벨의 책 《수학자들 Men of Mathematics》을 보면 가우스가 노년에 자기만 유일하게 정확한 답을 썼다며 자랑스러워했다고 쓰여 있다. 하지만 어떻게 빨리 풀었는지는 말하지 않으려고 했다고 한다.

이 이야기에서 알 수 있듯 가우스는 문제를 무딕대고 풀지 않았다. 대신 더 나은 풀이 방식을 찾는 데 집중했다.

이와 같은 문제를 등차급수의 합이라고 한다. 등차급수란 이웃한 두 수의 차가 늘 같은 것을 말한다. 일반적으로 첫 번째 수를 a_1, 이웃한 두 수의 차를 d라고 한다. 등차급수는 $a_1+(a_1+d)+(a_1+2d)+...$ $+[a_1+(n-1)d]$로 총 n항이 있다.

등차수열이란 연속한 두 항의 차가 일정한 수열을 말한다. 연속한 두 항의 뒤 항에서 앞 항을 뺀 값을 공차라고 하고 d(difference)로 표시한다. 그런데 공식에서 왜 $(n-1)$에 공차 d를 곱할까? 이는 어떤 항과 첫 번째 항 사이에 공차의 거리가 얼마나 되는지를 나타내는 것이다. 예를 들어 두 번째 항의 공차는 $2-1=1$이므로 두 번째 항은 첫 번째 항과 1개의 공차 거리가 있다. 세 번째 항의 공차는 $3-1=2$이므로 세 번째 항과 첫 번째 항은 2개의 공차의 거리가 있다. 이런 방식으로 계산한다.

등차급수는 맨 앞과 맨 뒤를 더한 값에 항의 총 개수의 반을 곱해서 구한다.

$$a_1+(a_1+d)+(a_1+2d)+\cdots+[a_1+(n-1)d] = \frac{[2a_1+(n-1)d]\cdot n}{2}$$

이 공식은 항이 짝수 개가 아니고 홀수 개여도 쓸 수 있다.

똑똑한 수학 왕자

수학 역사에서는 아르키메데스, 뉴턴, 가우스를 가장 위대한 수학자로 꼽는다(물론 오일러까지 포함하면 4대 수학자이다). 가우스는 다양한 수학 분야에서 크게 이바지했다. 열여덟에 발견한 최소제곱법은 현재 가장 많이 사용되며 데이터를 통해 수학 모델을 찾는 가장 간단한 방법이기도 하다. 가우스는 확률론에서 가장 중요한 정규분포를 연구하기도 했다.

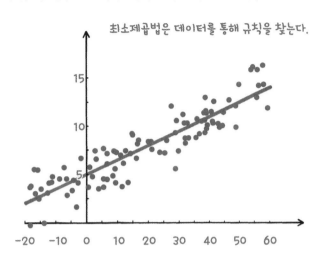

최소제곱법은 데이터를 통해 규칙을 찾는다.

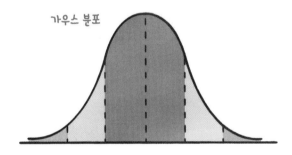

가우스 분포

따라서 서양에서는 정규분포를 가우스 분포라고도 한다. 정규분포는 자연 현상의 규칙을 보여 준다. 즉 극단적 경우가 적고 중간이 많다. 예를 들어 반 친구들의 키를 보면 매우 크거나 작은 학생이 적고 중간 정도 되는 친구가 많은 것과 같다.

또한 가우스는 자와 컴퍼스만으로 정십칠각형을 그렸다. 평면 기하학에서 유클리드 이후 2000여 년 만에 얻은 큰 진전이었다. 당시 가우스는 열아홉의 어린 나이였다. 그는 정십칠각형을 그린 것을 평생 자랑스러워했는데, 대수학자 뉴턴도 못 했기 때문이다. 가우스는 자신의 묘비에 정십칠각형을 그려 달라고 부탁하기도 했다.

정십칠각형

가우스

가우스는 대단한 수학자임과 동시에 물리학자, 천문학자, 측량학자이기도 했다. 천문학에서 가장 크게 이바지한 일은 소행성 세레스의 운행 궤도를 계산한 것이다. 훗날 독일 천문학자 하인리히 올베르스는 가우스가 계산한 궤도에 따라 세레스를 발견했다. 이외에도 가우스가 거둔 성과들 나 석어 내려가자면 한참 길어질 것이다. 가우스가 몸담았던 괴팅겐대학은 전 세계 학자들과 과학사 전문가들이 연구할 수 있도록 그의 필기를 인터넷에 공개했다.

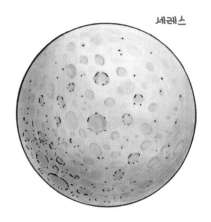

세레스

등차급수 역시 가우스의 이야기가 가장 유명하다. 하지만 사실 가우스가 맨 처음 발견한 사람은 아니다. 기원전 5세기에 피타고라스가 이미 등차급수 계산법을 발견했다. 뒤를 이어 아르키메데스, 히피아스, 디오판토스 등 그리스의 수학자, 남북조의 수학자 장구건張丘建, 인도의 수학자 아리아바타, 이탈리아의 수학자 피보나치 등이 가우스 전에 계산법을 발견했다.

작은 면적을 크게 응용하다

그렇다면 등차급수의 합을 구해서 어디에 쓸까? 기하학의 관점에서 더 깊게 이해해 보자.

먼저 히스토그램으로 1, 2, 3, 4…를 나타내면 다음 쪽의 그림과 같다. 한눈에 보고 이해하기 쉽게 1부터 10까지만 그렸다. 보다시피 $1+2+3+4+\cdots+10$의 값을 계산하는 게 히스토그램의 넓이를 구하는 것과 같다. 왼쪽 그림처럼 더하는 항의 수가 어느 정도 많으면 각각의 막대그래프(직사각형)가 모여 삼각형과 비슷한 모양이 된다. 오른쪽 그림처럼 첫 번째 항의 수가 크면(첫 항의

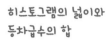
히스토그램의 넓이와 등차급수의 합

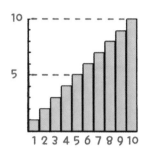

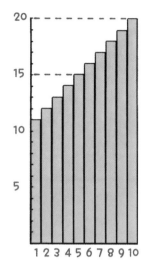

수가 10) 각 항의 막대그래프를 다 그렸을 때 사다리꼴 모양이 된다. 따라서 등차급수의 합은 사다리꼴의 넓이와 같다.

이렇게 보면 등차급수의 합은 사실 삼각형이나 사다리꼴의 넓이를 구하는 문제이다. 어떤 급수의 합은 해당하는 어떤 도형의 넓이를 구하는 문제라고 할 수 있다. 넓이 계산은 기하학뿐 아니라 물리학에도 널리 쓰인다. 예를 들어 가속도로 속도를 구하는 것, 속도로 거리를 계산하는 것 모두 넓이를 구하는 것과 같다. 문제는 곡선으로 둘러싸인 부분의 넓이를 구할 때이다. 이 경우, 적분을 써서 구해야 한다.

수열에는 등차수열 말고도 여러 가지 수열이 있다.

1. 유한수열과 무한수열: 항의 개수가 유한한 수열과 무한한 수열
2. 증가수열: 항의 값이 점점 커지는 수열
3. 감소수열: 항의 값이 점점 작아지는 수열
4. 주기수열: 모든 항에 주기적 변화가 있는 수열
5. 상수수열: 모든 항이 같은 수열

하지만 유감스럽게도 대부분의 경우 곡선의 적분을 바로 계산할 수 없다. 그래서 나온 것이 급수를 이용하는 것이다. 곡선으로 둘러싸인 부분을 매우 작은 직사각형들로 잘게 쪼갠다. 이 직사각형들의 넓이를 합치면 곡선으로 둘러싸인 넓이에 가깝다. 이것이 바로 급수의

합을 구하는 방법이다.

급수의 합을 구하는 문제 중에서 등차급수이 합은 가장 간단한 편이다. 그래서 대부분의 사람이 다양한 수열의 합을 공부할 때 등차급수의 합부터 시작한다.

피보나치수열

황금비율은 항상 눈치도
못 채는 사이에 등장한다.

생각하기

나뭇잎과
나뭇가지는 2배씩
자랄까?

앞에서 등비수열과 등차수열을 배웠다. 사실 굉장히 유명한 수열이 하나 더 있다. 바로 피보나치수열이다. 피보나치수열은 어떻게 탄생했을까?

토끼 대가족

피보나치수열은 토끼의 번식 속도를 연구하다가 나왔다. 토끼 한 쌍을 1세대 토끼라고 하자. 1세대 토끼들이 새끼 토끼 한 쌍을 낳았다. 이를 2세대라고 한다. 그리고 2세대가 각각 3세대인 토끼를 한 쌍 낳았다. 1세대 토끼는 이제 늙어서 새끼를 낳을 수 없다. 하지만 3

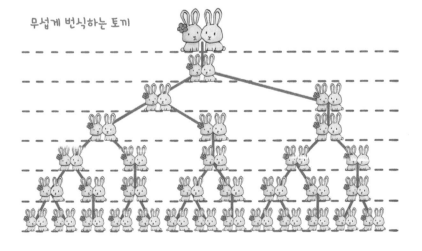

무섭게 번식하는 토끼

세대가 계속 새끼를 낳아 4세대가 탄생했다. 다시 4세대가 5세대를 낳아 번식을 이어 간다. 그렇다면 n세대 토끼는 모두 몇 마리일까?

그렇게 어렵지 않은 문제다. 먼저 앞의 몇 세대만 토끼 쌍의 수를 적어 보자. 1, 1, 2, 3, 5, 8, 13, 21, 34… 이다. 조금만 관심을 기울이면 3세대부터의 토끼 수는 앞의 두 세대를 합친 결과라는 것을 알 수 있다.

$$2 = 1+1$$
$$3 = 1+2$$
$$5 = 2+3$$
$$\cdots$$

각 세대의 토끼는 앞 두 세대를 합친 것과 같다. 이를 $F_{n+2} = F_n + F_{n+1}$이라고 하면, F_{n+2}가 현재 세대의 토끼 수를 뜻한다. F_n과 F_{n+1}은 각각 앞 두 세대의 토끼 수를 나타낸다. 이러한 규칙을 가진 수열을 맨 처음 피보나치가 생각해 냈기에 '피보나치수열'이라고 하며, 이런 수들을 '피보나치 수'라고 부른다.

피보나치 이야기

피보나치는 1175년 이탈리아 피사에서 태어났다. 본명은 레오나르도이며 아버지 이름이 보나치였다. 피보나치는 보나치의 아들이라는 뜻이다.

어릴 때부터 똑똑했어요.

피보나치의 아버지는 아랍인을 상대로 장사하는 상인이었다. 피보나치는 일찍부터 아버지를 도와 장부를 정리했다. 장사하다 보니 아랍인을 자주 접하며 자연스럽게 아라비아 숫자를 배웠다. 피보나치는 장부를 쓸 때 로마 숫자보다 아라비아 숫자가 편하다는 사실을 깨닫고 아랍인을 존경하게 되어 아랍에 가서 수학을 더 배우기로 마음먹었다. 1200년경 공부를 마치고 돌아온 피보나치는 2년 동안 아랍에서 배운 지식을 자신의 책 《산술서》에 담았다.

《산술서》는 장부 기록, 이자, 환율 계산, 무게 계산 등의 분야에서 수학의 쓰임을 체계적으로 설명한 책이다. 이 책은 수학이 얼마나 쓸모 있는지를 보여 주며 아라비아 숫자를 유럽에 소개했다(당시 유럽에는 인쇄술이 없었기에 아라비아 숫자가 널리 퍼진 것은 **구텐베르크**가 인쇄술을 개량한 뒤였다). 이때 신성 로마 제국의 황제 프리드리히 2세는 수학과 과학에 푹 빠져 있었고 피보나치를 귀빈으로 대했다.

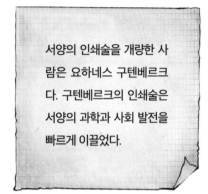

서양의 인쇄술을 개량한 사람은 요하네스 구텐베르크다. 구텐베르크의 인쇄술은 서양의 과학과 사회 발전을 빠르게 이끌었다.

다시 피보나치수열로 돌아오자. 특정 세대의 토끼 수, 예를 들어 n세대의 토끼 수를 세려면 앞의 몇 세대에 낳은 토끼가 몇 마리였는지 알아야 한다. 하지만 이는 상당히 복잡하다. 20세대 토끼가 몇 마리냐는 질문에 1세대부터 다 세려면 굉장히 복잡하다. 이럴 때 공식으로 n세대의 토끼 수를 바로 셀 수 있다면 얼마나 좋을까? 예를 들어 20세대를 식에 대입하면 바로 몇 마리인지 알 수 있게 말이다.

피보나치수열 공식은 있지만, 복잡하기 때문에 외울 필요 없다. 대신 특성을 알아두면 좋다. 이웃한 두 항 F_{n+1} 과 F_n의 비율이 결국 황금비 1.618 … 에 가까워진다는 사실이다. 피보나치수열에서 몇 개 항의 비율을 계산해서 표로 정리하면 황금비가 보인다.

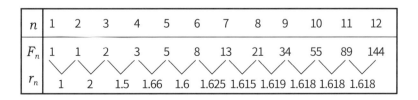

n	1	2	3	4	5	6	7	8	9	10	11	12
F_n	1	1	2	3	5	8	13	21	34	55	89	144
r_n		1	2	1.5	1.66	1.6	1.625	1.615	1.619	1.618	1.618	1.618

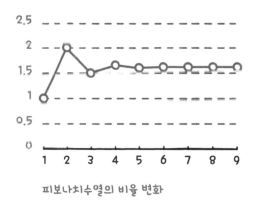

피보나치수열의 비율 변화

피보나치수열에서 이웃한 두 항이 비율은 항금비에 가깝다. 하지만 처음 몇 개의 수는 이 규칙에 맞지 않는다. 이런 현상은 수학에서 흔한 일이다. '규칙'은 데이터가 굉장히 많이 쌓인 뒤에 나온다. 특수한 예 몇 개에서 나온 규칙은 진정한 의미의 규칙이라고 할 수 없다.

피보나치수열 안에 황금비가 있다는 특성을 이해하면 수가 커지는 속도가 매우 빠르다는 사실을 알 수 있다. 1, 2, 4, 8, 16… 처럼 2배씩 늘어나지는 않지만, 등비 증가이기는 하다. 그저 비율이 2보다 작은 황금비로 늘어날 뿐이다.

토끼는 1년 동안 몇 대까지 번식할까? 깜짝 놀랄 만큼 빠르다! 연초에 태어난 토끼가 연말에 증조할머니, 증조할아버지가 된다. 토끼 24마리가 천적의 위협을 받지 않는다면 10년 뒤 200만 마리로 늘어날 수 있다. 이는 지금까지의 포유류 번식 속도 중 세계 최고 기록이다.

토끼는 실제로도 천적이 없으면 번식 속도가 굉장히 빠르다. 대표적으로 호주의 사례가 있다. 1859년, 토머스 오스틴이라는 영국인이 호주로 이민을 왔다. 그는 취미로 토끼를 사냥하는 사람이었는데 호주에 토끼가 없자, 사냥을 계속 즐기고 싶어 토끼 24마리를 영국에서 가져왔다. 그러나 토머스가 풀어 준 토끼들은 호주 생태계상 천적이 없었기에 이윽고 엄청난 속도로 번식했다.

수십 년이 흘러 토끼는 40억 마리로 훅 늘었고 호주 생태계에 재난을 가져왔다. 목축업이 망하기 직전이었고 식물이 위협당했으며, 하천 둑이 망가져 물과 흙이 사라졌다. 1929년부터는 이를 막기 위해 토끼 고기를 먹기 시작했지만, 먹는 속도보다 번식 속도가 더 빨랐다. 훗날 호주 정부는 군대까지 동원해서 토끼를 잡았지만 별로 효과가 없었다. 1951년에야 토끼를 죽이는 바이러스를 도입해서 99% 이상 없애는 데 성공했으나, 바이러스마저 이겨 낸 몇몇 토끼들이 살아남아 '인간과 토끼의 전쟁'은 아직도 끝나지 않았다.

어디서나 보이는 피보나치수열

다시 피보나치수열로 돌아오자. 황금비와의 관계 말고 피보나치수열에 다른 의미가 있을까? 피보나치수열을 특별히 연구해야 하는 이유가 있을까?

다양한 종이 자라고 번식하며 발전하는 과정에는 피보나치수열이 항상 숨어 있다. 예를 들어 가지치기하지 않은 나뭇가지의 잎이 달린 부분인 수관과 가지의 수는 2배씩 늘지 않고 해마다 60% 정도 늘어난다. 왜 그럴까? 나무에서 가지가 새로 나오려면 휴식기가 필요하다. 휴식기 동안 자라기 위한 양분을 모아야지만 새 가지가 나올 수 있다. 휴식기를 보낸 늙은 가지는 이듬해에 가장귀(나뭇가지의 갈라진 부분)가 $\frac{1}{2}$씩 나온다. 물론 나온 순서대로 휴식기에 들

루드비히 법칙

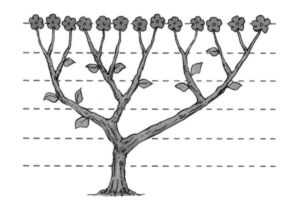

나뭇가지의 수는 피보나치수열을 이루고 모양은 대칭이 아니다.

어간다. 옆 그림에서 빨간색은 쉬고 있는 가지를, 초록색은 새 가지가 나올 가지를 뜻한다. 보다시피 가지 수가 1, 2, 3, 5, 8…로 늘고 있다. 이는 피보나치수열과 일치한다. 생물학에서는 이를 '루드비히 법칙'이라고 한다.

루드비히 법칙 때문에 수관은 대칭을 이루지 않는다. 이번 생장 주기에 나온 부분은 다음

생장 주기에 휴식기에 들어간다. 나무의 가지는 교대로 자란다. 자세히 살펴보면 나뭇잎의 잎맥도 번갈아 자라는 모습을 볼 수 있다.

들장미, 코스모스, 백합꽃 등의 꽃잎과 토마토 같은 열매의 수는 모두 피보나치수열을 따른다. 3, 5, 8, 13, 21 등처럼 말이다. 왜 그럴까? 꽃받침은 나뭇가지처럼 분열과 휴식을 교대로 한다. 물론 어느 정도 분열하면 멈춘다. 따라서 꽃받침이 55개 혹은 88개인 꽃은 찾아보기 힘들다. 열매를 맺는 가지도 번갈아서 새 가지가 나오고 휴식한다. 병충해가 생기거나 동물에게 먹히거나 비바람에 상할 수 있어 우리가 볼 때는 모두 피보나치수열을 따르지는 않는 것처럼 보이지만, 사실은 피보나치수열을 따르고 있는 것이다.

이외에도 일부 식물의 열매 모양과 연체동물의 겉모습도 황금나선에 들어맞는다. 1, 1, 2, 3, 5, 8, 13…에 따라 자라기 때문이다. 자연의 아름다움이 수학적 특성에 맞는다는 사실을 알 수 있다.

브로콜리의 모양과 황금나선이 일치한다.

피보나치수열에 대해서 두 가지 더 알아야 할 사실이 있다.

첫째, 피보나치수열은 자연에서 생명체가 수를 늘려 나가는 것과 일치한다는 것이다. 따라서 인간들은 조직을 성장시켜 나갈 때 피보나치수열의 증가 속도를 기준으로 삼기도 한다. 예를 들어 기업이 규모를 늘릴 때는 신입을 가르치는 선배나 상사가 있어야만 한다. 이때 처음에는 일반적으로 경력직 한 명이 신입 한 명을 가르친다. 이후 경력직 신입 둘, 셋을 가르치고 나면 승진할 시기가 오므로 신입을 가르치는 데 많은 시간을 들이지 않는다. 대신 이전에 그 경력직에게 교육을 받았던 신입들이 중간 직급 이하의 직원이 되어 있을 것이다. 이 직원들이 피보나치수열의 비대로 신입들을 가르쳐야 하는 것이다. 비슷한 이치에서 어떤 팀의 업무를 늘려 가는 일도 자연 규칙에 맞아야 한다. 너무 빠르거나 느리면 이런저런 문제가 생기기 마련이다.

둘째, 피보나치수열은 황금비뿐 아니라 여러 수학 규칙과도 관련이 있다는 것이다. 예를 들어 앞서 나왔던 파스칼의 삼각형에도 피보나치수열이 들어 있는데, 절대 우연이 아니다.

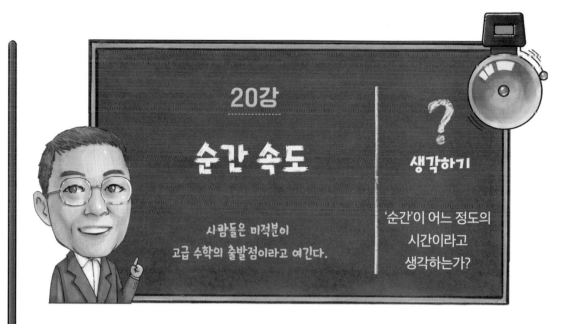

20강

순간 속도

사람들은 미적분이
고급 수학의 출발점이라고 여긴다.

?

생각하기

'순간'이 어느 정도의
시간이라고
생각하는가?

게임 마인크래프트에서는 조그만 블록들로 웅장한 건축물을 지어 신기한 '네모 세상'을 만들 수 있다. 하지만 멀찍이서 아름다운 건물들을 보면 네모라는 느낌을 받지 못한다. 작은 블록들을 충분히 연결해서 매끄러운 곡선을 만들어 냈기 때문이다. 이것이 미적분과 비슷하다.

대체 누가 미적분을 발명했을까

흔히들 미적분을 발명한 사람이 뉴턴과 라이프니츠라고 생각한다. 하지만 둘은

내 미적분이 맞거든!

파트너가 아니었고 누가 발명했는가를 두고 사람들은 수백 년을 옥신각신했다.

수학자이자 물리학자인 뉴턴은 과학(당시에는 **자연철학**이라고 불렀다)의 수학적인 기반을 마련하려고 미적분을 발명했다. 한편 수학자이자 논리학자인 라이프니츠는 방법론을 연구하는 철학자이기도 했다. 라이프니츠는 논리학과 기호학에 걸맞은 도구로 만들려고 미적분을 발명했다. 따라서 두 사람은 다른 목표를 가지고 각각 미적분 개념을 발명했을 가능성이 크다.

> 자연철학이란 오늘날의 과학을 말한다. 뉴턴 시대에는 과학자를 자연철학자라고 불렀다. 뉴턴이 죽고 수백 년이 흐른 뒤에야 과학이라는 단어가 널리 쓰이게 되었다.

속도를 다시 이해하다

뉴턴 시대 때는 물리학, 특히 천체 운행 속도 등 풀어야 할 역학 문제가 많았다. 뉴턴이 미적분을 발명한 것은 물체 운동의 순간 속도를 계산하기 위해서였다. 속도를 구하는 게 뭐가 그리 어렵냐고 생각할지도 모르겠다. 아주 기초적인 공식인, '거리÷시간'을 이용하면 되지 않는가?

맞기는 맞다. 하지만 이는 일정 시간 동안의 평균 속도일 뿐 어떤 순간의 속도는 아니다. 물체의 운동 속도는 대부분 고르지 않고 변화가 크다. 예를 들어 속도위반으로 걸렸을 때 경찰이 확인하는 것은 일정 시간 동안의 평균 속도가 아니라 순간 최고 속도이다. 차를 박을 때의 위력은 충돌하는 순간의 속도와 관련 있기 때문이다. 이 공식으로는 순간 속도를 알기 힘들다.

그렇다면 뉴턴은 순간 속도를 이떻게 구했을까! 51쏙에서 나왔던 무한 근접법을 썼다. 일단 속도의 정의를 되짚어보자.

5초

100미터

물체가 t 시간 동안 s 거리를 움직이면 평균 속도는 $v = \dfrac{s}{t}$ 다. 예를 들어 차가 5초(s)간 100m를 갔다면 평균 속도는 $100 \div 5 = 20\,m/s$이다.

그런데 속도를 계속 올릴 경우 이렇게 계산하면 정확하지 않다. 5초를 1초로 줄여서 구한 속도가 현실에 더 가깝다.

거리 s가 시간 t에 따라 변하는 것은 이해하기 쉽다. 즉, 시간 t가 거리 s를 결정한다. t와 s의 관계를 "거리 s는 t의 함수다."라고 한다. 거리 s와 시간 t의 관계를 그리면 곡선이 된다. 이 곡선을 통해 평균 속도가 무엇인지, 시간 간격별로 평균 속도가 얼마나 차이 나는지를 한눈에 이해할 수 있다.

옆 그림에서 가로축은 시간 t, 세로축은 거리 s를 나타낸다. t_0일 때 자동차가 s_0에 가고 t_1일 때 s_1에 가면 자동차가 움직인 거리는 $s_1 - s_0$이고 움직이는 데 걸린 시간은 $t_1 - t_0$이다. 그리고 평균 속도 $\overline{v}$는 아래 식과 같다.

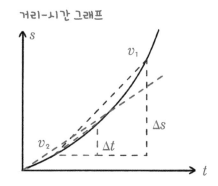

거리-시간 그래프

$$\overline{v} = \frac{s_1 - s_0}{t_1 - t_0}$$

이것을 간단하게 쓰면 $\overline{v} = \Delta s / \Delta t$ 다. Δs는 거리 변화량 $s_1 - s_0$를, Δt는 시간 간격 $t_1 - t_0$를 말한다. 앞의 예에서 $\Delta s = 100$m, $\Delta t = 5$초다.

그리스 알파벳 Δ는 '델타'라고 읽는다. 수학과 물리학에서 변화량을 계산할 때 쓰인다. 예를 들어 t는 시간을 나타내고 Δt는 시간의 변화량을 뜻한다.

기울기는 수학과 기하학에서 쓰는 단어이다. 직선의 기울기란 가로축에 대한 기울어진 정도를 말한다. 직선 위의 두 점에서 세로축 차이와 가로축 차이의 비율이 기울기이다. 보통 기울기가 클수록 직선이 가파르고 기울기가 작을수록 완만하다.

거리-시간 그래프에서 평균 속도 $\bar{v}$를 어떻게 나타냈는지 살펴보자. 평균 속도는 Δt와 Δs가 변인 검은색 점선으로 표시된 직각삼각형의 **기울기**이다. 시간 간격 Δt가 작아지면 거리 간격 Δs도 작아지면서 Δt와 Δs는 빨간색 점선으로 표시된 직각삼각형의 변이 된다. 빨간색 삼각형의 기울기는 검은색 삼각형의 기울기와 다르다. 즉 Δt에 따라서 평균 속도가 달라진다. Δt가 작을수록 평균 속도는 t_0일 때의 순간 속도에 가까워진다. Δt를 0에 가깝게 만들면 평균 속도도 순간 속도에 바짝 가까워진다. 같은 방법으로 아주 작은 삼각형으로 줄여 가면 삼각형 빗변에 있는 직선은 t_0일 때 곡선과 맞닿는 선, 즉 파란색 점선이 된다. 이 점에서의 순간 속도가 바로 t_0일 때 접선의 기울기가 된다.

극한의 제시

미적분에서는 순간 속도를 다음 공식으로 나타낸다.

$$v = \lim_{\Delta t \to 0} \frac{\Delta s}{\Delta t}$$

lim은 한없이 접근한다는 뜻이다. Δt가 0에 한없이 가까워질 때 순간 속도는 '상응하는 거리÷시간'과 같다는 뜻이다. 즉 순간 속도 v는 '아주 짧은 시간 동안 움직인 거리(Δs)÷아주 짧은 시간(Δt)'와 같다.

뉴턴은 평균 속도와 순간 속도의 관계를 이렇게 정리했다. 즉 순간 속도는 특정 시점 즈음이 무한소 동안의 평균 속도와 같다. 무한 접근으로 설명하는 것이 바로 극한 개념이다. 뉴턴은 극한 개념으로 평균 속도와 순간 속도의 관계를 밝혔다.

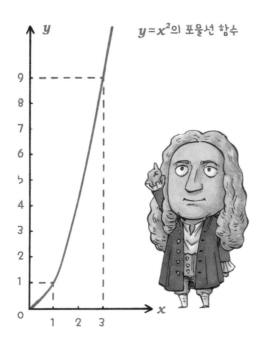

$y=x^2$의 포물선 함수

극한 개념은 과학사에 매우 중요한 의미가 있다. 극한은 거시적 전체 규칙과 미시적 순간 규칙이 관련되어 있다고 설명한다. 물론 극한으로만 어떤 시점의 순간 속도를 계산하면 2000년 전 아르키메데스가 원을 조개서 원주율을 구한 방법과 크게 다르지 않다. 하지만 뉴턴이 위대한 점은 운동 속도를 변하는 것으로 봤다는 데 있다. 그리고 생각의 폭을 넓혀 함수 변화율까지 설명했다. 다시 말해 함수 곡선 위에 있는 접선의 기울기는 한 특정 점에서의 순간 변화율을 나타낸다. 함수 변화율 자체가 새로운 함수인 것이다. 뉴턴은 이 함수를 '유율법'이라고 불렀다. 지금의 '도함수'가 바로 그것이다.

예를 들어 함수 $y=x^2$의 도함수는 $y'=2x$이다. 함수에서 $x=1$일 때 $y=1$이고 (1, 1), $x=3$일 때 $y=9$이다 (3, 9). 이때 x값을 도함수에 넣으면 $x=1$일 때 $y'=2$이고 $x=3$일 때 $y'=6$이다. 이는 두 좌표에서 함수의 변화율이 각각 2, 6이라는 뜻이다. 도함수를 통해 시작할 때는 증가 속도가 느리지만 나중에는 빨라진다는 사실을 알 수 있다.

도함수가 생기자 함수의 변화율을 알 수 있었다. 특정 점에서의 함수 변화를 확실하게 알고 함수끼리 변화율을 비교할 수 있게 되었다. 이 덕분에 뉴턴 때부터는 물체 운동을 거시적으로만 보던 것에서 미시적으로 보게 되었다.

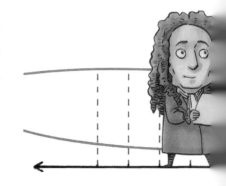

위대한 수학자의 똑똑한 수학 풀이

도함수는 미적분의 기초이자 물리학 규칙들을 설명하는 데도 쓰였다. 예를 들어 물리학에서 속도는 변위(거리)의 도함수이다. 속도는 거리의 변화율을 나타내기 때문이다. 그리고 가속도는 속도의 도함수이다. 가속도는 속도의 변화율을 나타내기 때문이다. 마찬가지로 운동량은 운동 에너지의 도함수이다. 가속도와 힘은 비례하므로 힘과 속도의 관계도 알 수 있다. 운동량과 운동 에너지도 속도와 연관되기 때문에 간접적으로 힘과 관련 있다. 이렇게 다양한 물리량이 연결되었다. 뉴턴은 미적분을 생각해 낸 덕분에 물리학의 기반을 다질 수 있었다.

훗날 뉴턴은 수학과 과학에서 이룬 성과를 《자연철학의 수학적 원리》라는 책에 담았다. 이 책은 자연과학을 위한 수학적 기초를 마련하고 인류사에 큰 영향을 미쳤다. 뉴턴은 유클리드가 《기하학 원본》을 쓴 방식을 따라 정의와 보조정리부터 출발하여 발견한 내용을 차근차근 추론하여 정리했다.

뉴턴이 미적분과 물리학에서 남긴 업적을 말했으니 라이프니츠로 넘어가 보자. 라이프니츠는 미적분을 나타내는 기호 체계를 남겼다. 사칙 연산보다 복잡한 미적분은 편리하고 눈에 잘 들어오는 표시법이 필요했다. 여러 기호 중 라이프니츠의 기호가 뉴턴의 기호보다 나았기에 현재 다들 라이프니츠의 기호를 쓰고 있는 것이다.

21강

무한소

단순해 보이지만
정의하기 까다로운 '무한소'.

생각하기

?

0은 왜 나누는 수가
될 수 없을까?

뉴턴과 라이프니츠는 대표적인 이성주의자로 인간의 이성으로 세상의 규칙을 정리할 수 있다고 믿었다. 하지만 영국 철학자들의 생각은 달랐다. 경험을 중요하게 보는 영국 철학자들을 경험주의 철학자라고 부른다. 이성주의 학자와 경험주의 학자는 툭하면 논쟁을 벌이며 이론의 결점을 서로 꼬집었다. 뉴턴이 미적분을 만들고 난 이후였다. 한 경험주의 학자가 뉴턴과 마찰을 빚었다. 아래의 문제로 말이다.

뉴턴의 순간 속도 공식을 자세히 보면 문제가 하나 있다. 시간 간격 Δt 가 0에 가까워져도 계속 나눌 수 있을까?

$$v = \lim_{\Delta t \to 0} \frac{\Delta s}{\Delta t}$$

나눗셈을 배울 때, 우리는 분모가 0일 수 없다고 배웠다. 그러므로 이대로면 문제가 있어 보인다. Δt가 0이 아니라면 위 공식의 답은 순간 속도가 아닌 평균 속도다. 반대로 Δt가 0이면 나눗셈 규칙에 어긋난다. 이 역설을 처음 꺼낸 사람은 영국의 대주교 조지 버클리였다.

대주교였던 버클리는 존 로크, 데이비드 흄과 함께 경험주의 3대 철학자로도 불린다. 캘리포니아대학교 버클리 캠퍼스의 '버클리'가 바로 이 사람이다.

뉴턴은 시간과 공간이 절대적이라고 생각했다. 1,000m는 그냥 1,000m, 1분은 그냥 1분인 것이다. 하지만 버클리는 세상에 하느님 말고 절대적인 것은 없다고 주장했다. 시간과 공간도 마찬가지였다.

> 라이프니츠도 시간과 공간은 상대적인 것이라고 여겼다. 앞뒤 순서와 인과 관계만 있을 뿐 절대적 시간은 없다고 생각했다. 훗날 아인슈타인의 상대성 이론은 라이프니츠의 상대적 시공관을 기반으로 삼았다.

지금 와서 보면 버클리의 의심은 틀렸다. 하지만 뉴턴 시대의 물리학자들에게 Δt의 '무한소'가 0인지, 아닌지 의심하는 부분은 설득력이 있었다. 뉴턴과 라이프니츠 모두 무한소를 정확하게 정의할 수 없었기에 버클리의 질문에 어떻게 답해야 할지 몰랐다. 뉴턴에게 무한소가 무엇이냐고 묻는다면 무시해도 될 만큼 아주아주 작은 수라고 대답할 것이다. 라이프니츠 역시 애매모호하게 답했을지도 모르겠다.

이 구멍을 어떻게 막지.

코시와 카를 바이어슈트라스

미적분은 도함수를 기반으로 만들어졌는데 도함수의 정의는 0에 한없이 가까워지는 무한소와 떼려야 뗄 수 없다. 버클리의 문제를 풀지 못하면 미적분 논리에 구멍이 있다는 뜻이다. 논리의 기반이 흔들리면 수학 자체가 무너진다. 사소하고 생트집처럼 느껴지는 버클리의 의심이 수학의 두 번째 위기를 불러일으켰다. 그래서 뉴턴 이후의 수학자들은 구멍을 메우려고 갖은 방법을 연구했다. 이에 가장 크게 이바지한 사람이 바로 프랑스 수학자인 코시와 독일 수학자인 **카를 바이어슈트라스**다.

> 카를 바이어슈트라스는 베스트팔렌 오스텐펠데에서 태어났으며, '현대 해석학의 아버지'라고 불린다. 멱급수 이론, 실해석학, 복소 함수, 아벨 함수, 무한적, 변분법, 쌍선형 형식과 이차형식, 정함수 등을 연구했다.

코시는 19세기 프랑스 수학의 체계를 완성한 학자다. 영국에 뉴턴, 독일에 가우스가 있다면 프랑스에는 코시가 있다. 헌재 우리가 배우는 미적분은 뉴턴과 라이프니츠의 미적분이 아니라 코시를 포함한 수학자들이 고쳐서 정확하게 만든 미적분이다. 코시가 뉴턴과 다른 점은 미적분을 물리학 및 기하학과 연관 짓지 않은 것이다.

코시는 온전히 수학 관점에서 모호한 미적분 개념을 다시 정의했다. 미적분이 기하학처럼 수천 년간 굳건히 자리를 지키려면 그 어떤 의심도 하지 못하게 개념을 명확하게 정의해야 했다. 코시는 미적분을 공리에 기반하고 논리적으로 분명한 수학 분야로 거듭나게 했고, 그러자 미적분이 쓰이는 범위가 넓고 다양해졌다. 또한, 코시는 무한소와 극한을 분명하게 정의하려면 정태적(움직이지 않고 가만히 있는 상태)이 아닌 동태적(변하는 상태)인 시선으로 바라봐야 한다고 생각했다. 코시가 뉴턴과 라이프니츠보다 뛰어난 점은 이렇게 생각을 바꿨다는 사실이다.

코시는 뒤집어 생각해서 극한을 설명했다. 뉴턴과 라이프니츠는 극한을 순방향으로 표현했다. 순간 속도를 가지고 코시의 설명이 뉴턴 및 라이프니츠와 어떻게 다른지 살펴보자.

바늘이 시계 반대 방향으로 일정한 속도로 움직이는 단위 원판(평면에서 임의의 점으로부터의 거리가 1인 모든 점의 집합)이 있다. $t = 0$일 때 어떤 점이 수평선 위에 있다. 이때 이 점이 수직 방향으로 움직이는 속도는 얼마인가?

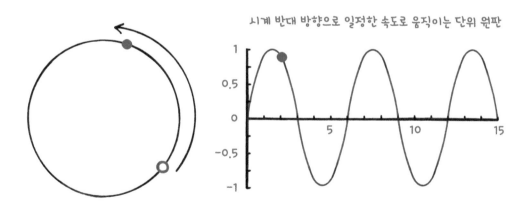

시계 반대 방향으로 일정한 속도로 움직이는 단위 원판

단위 원판 위에 있는 점이 Δt 시간이 지난 뒤 수직 운동한 거리는 $sin\Delta t$ 이다. sin 은 사인함수를 나타낸다. 사인함수를 몰라도 괜찮다. 운동의 수식 속도가 여전히 거리 나누기 시간, 즉 $v = \lim\limits_{\Delta t \to 0} \dfrac{\Delta s}{\Delta t}$ 인 것만 알면 된다. Δt가 0에 가까워질 때 분자와 분모

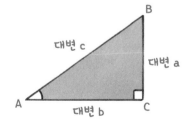

로 0에 가까워진다면 이 비율은 얼마일까?

코시는 동대적 접근 방법으로 문제를 해결했다. 이해를 돕기 위해 Δt가 계속 작아질 때 v의 변화를 아래 표로 정리했다.

위대한 수학자의 똑똑한 수학 풀이

$sin\Delta t$와 Δt의 무한 접근 문제

Δt	1	0.1	0.01	0.001	⋯	0
$\dfrac{sin\Delta t}{\Delta t}$	0.84	0.998	0.99998	0.9999998	⋯	1

보다시피 비율이 1에 가까워지고 있다. 그래서 뉴턴은 Δt가 0에 가까워질 때 순간 속도가 1이라고 했다.

하지만 이는 수학 이론으로 증명할 수 없으므로 엄격한 설명이 아니다. 그래서 코시는 첫째, 마지막에 $\dfrac{sin\Delta t}{\Delta t}$가 1에 가까워진다고 했다. 둘째, 결론을 증명할 방법들을 만들었다. 이 비율과 1의 차이가 0에 한없이 가까워짐을 증명하는 것이다. 코시의 생각은 뉴턴과 라이프니츠의 '점점 가까워진다'보다 훨씬 철저했다. 그의 생각은 버클리에게 이렇게 말하는 듯했다. " $\dfrac{sin\Delta t}{\Delta t}$가 1이 아니라고 생각해? 그렇다면 오차를 하나만 말해 봐. 내가 Δt를 0에 가까워지게 만들면 당신이 어떤 오차를 말하더라도 항상 0에 가까울 테니."

이제 버클리는 코시를 영원히 이길 수 없었다. 0에 가까워지는 두 무한소의 비율이 존재한다는 사실을 부인하지 못한다.

당신이 찾든 못 찾든 두 무한소의 비율은 늘 여기 있어.

훗날 9세기 말의 독일 수학자 카를 바이어슈트라스가 보기에는 코시의 설명도 정확하지 않았다. 그냥 말로 풀었을 뿐이지, 철저한 수학적 언어로 설명한 것이 아니었기 때문이다. 그래서 극한을 정의하는 방법을 내놓았다. 그의 정의 방법은 매우 철저하고 일반적이다. 뉴턴과 라이프니츠의 도함수는 카를 바이어슈트라스가 정의한 극한의 한 종류다. 이렇게 버클리의 의문은 풀렸으며 수학의 2차 위기를 넘길 수 있었다.

수학 발전 과정에서 다른 의견, 나아가 역설이 나오는 것은 무서워할 일이 아니다. 누군가 수학자에게 도전하는 것을 계기로 개념을 더 분명하게 정의하고 기초 이론을 튼튼히 다져야만 수학이 발전한다. 관점을 바꾸면 '위기'가 '기회'가 될 수 있다. 물론 위기를 당시 사람의 능력으로 해결하지 못할 때도 많다. 그때의 이해 수준을 넘어서야만 위기라고 부를 수 있기 때문이다. 그렇다고 좌절할 것이 아니라 후대가 새 이론을 찾을 수 있도록 해야 한다. 수학의 위기는 항상 이러한 과정을 거쳐 오랜 시간이 지나서야 해결할 수 있었다.

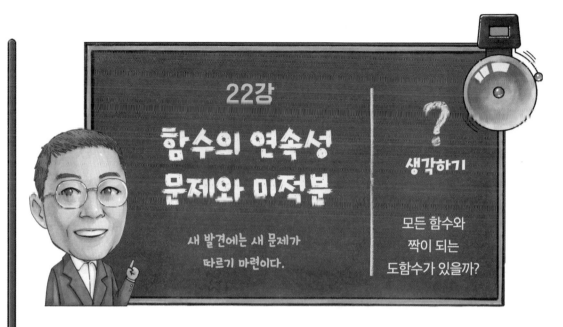

22강

함수의 연속성 문제와 미적분

새 발견에는 새 문제가
따르기 마련이다.

?

생각하기

모든 함수와
짝이 되는
도함수가 있을까?

견우와 직녀의 이야기는 오작교가 만들어져야지만 낭만적으로 끝날 수 있다. 만약 까치들을 쫓아내면 연결됐던 다리가 끊어지고 이야기는 복잡해질 것이다. 함수도 까치들이 만든 다리와 비슷하다. 이제 함수의 연속성 문제를 살펴 보자.

위대한 수학자의 똑똑한 수학 풀이

'연속'이란 무슨 뜻일까?

연속의 개념은 1817년 체코의 철학자 베르나르트 볼차노가 맨 처음 내놓았다. 이를 1930년대에 코시가 더 정확하게 정의했다.

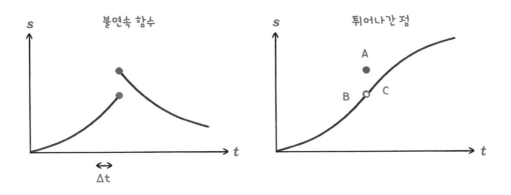

코시는 무한소와 극한을 써서 연속성을 정의했다. 코시의 정의는 너무 학술적이라 어려우므로 이해하기 쉽게 설명해 보겠다. 어떤 함수 곡선이 무한소 범위 안에 있고 변동 폭도 무한소라면 이 함수는 연속한다. 첫 번째 그림에서 왼쪽 곡선과 오른쪽 곡선은 연속하지만 둘을 합치면 중간은 끊어지므로 연속하지 않는다.

연속성의 응용

함수의 연속성을 엿볼 수 있는 일상생활 속 사례를 찾아보자. 함수가 연속하지 않으면 불연속하는 점의 도함수는 무한대에 가깝다. 예를 들어 정지된 자동차를 0초 안에 초당 1m로

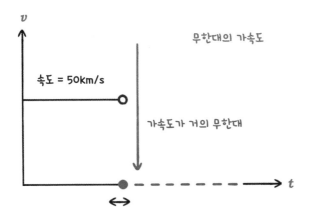

달리도록 속도를 올리려면 가속도가 무한대가 된다(현실적으로는 불가능하다). 물론 반대로 시간당 50km로 달리는 자동차를 0초 안에 멈출 때도 가속도는 무한대가 된다. 단지 이때는 가속도가 마이너스가 된다.

물체가 받는 힘과 가속도는 비례하므로 가속도가 무한대이면 자동차가 받는 충격도 무한대이다. 현실적으로 자동차가 쌩쌩 달리다가 순간 확 멈추는 상황은 벽에 쾅 부딪히는 경우를 제외하고는 없다. 이런 경우 진짜 벽에 부딪힌다면 속을 만큼의 충격이 가해진다. 멈출 때의 가속도가 무한이니 충격도 무한대이기 때문이다. 자동차가 아무리 튼튼해도 소용없다.

이와 비슷하게 가전제품이 켜지거나 꺼지는 순간의 전류는 매우 세다. 코드를 꼽거나 뽑다가 불꽃이 튀는 장면을 봤을 것이다. 전류가 전압 변화의 도함수이기 때문이다. 코드를 꼽는 순간 전압은 확 높아지고 뽑는 순간 높은 전압은 0으로 훅 떨어진다. 이런 변화는 연속하지 않아 순간적으로 큰 전류가 발생할 수 있다. 순간 전류가 크면 회로가 끊겨 가전제품이 망가지기도 한다. 그래서 대부분의 가전제품, 특히 고성능 제품은 켤 때 과부하가 걸리지 않도록 보호하며, 전원을 바로 꼽거나 뽑지 말고 스위치를 사용하라고 안내하는 것이다.

사람들은 모두 불안하지 않은 연속적인 상황을 좋아하지, 짧은 시간 안에 확 변하는 상황을 바라지 않는다. 실생활뿐 아니라 물리학, 경제학, 관리학 분야에서도 마찬가지다. 예를 들어 은행은 이자를 공격적으로 확 올릴 수 없다. 이자를 확 올리면 인위적으로 솟구치는 이율 곡선을 만드는 것이기 때문에 경제가 불안해질 수 있다.

연속성 개념은 미적분에서 매우 중요하다. 연속성을 기초로 해야만 도함수를 계산해 볼 가능성이 생기기 때문이다. 도함수와 미분은 뜻이 비슷한데, 둘 다 함수의 변화율을 나타낸다. 그렇다면 적분은 무엇을 위한 것일까? 단순하게 말해 어떤 함수의 적분은 함수 곡선으로 둘러싸인 밑부분의 넓이와 같다.

적분의 신통한 용도

앞에서 직사각형, 정사각형, 삼각형, 원 등 다양한 도형의 넓이를 어떻게 구하는지 알아봤다. 전부 딱 떨어진 도형의 넓이였다. 그렇다면 만약 곡선으로 둘러싸인 넓이를 구해야 한다면 어떻게 해야 할까? 적분을 쓰면 된다.

적분은 원을 여러 개로 쪼개서 넓이를 구했던 것과 비슷하다. 예를 들어 옆 그림에서 곡선과 좌표축으로 둘러싸인 넓이를 구해야 한다고 하자. 이 부분을 아주 작은 직사각형으로 쪼개고 직사각형들의 넓이를 합치면 전체 넓이와 비슷한데, 이것이 바로 적분이다. 적분은 도함수의 역연산이라는 사실을 알아야 한다. 예를 들어 시간에 따라 변하는 자동차의 운동 속도를 곡선으로 그렸다고 가정하자. 이 곡선 밑의 넓이가 자동차가 해당 시간 동안 움직인 거리와 같다.

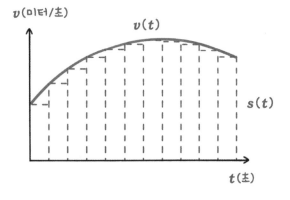

리만은 19세기 중후기 독일 수학자로 수학 분석과 미분 기하학에 크게 이바지했다. 리만 기하학을 만들어 아인슈타인의 일반 상대성 이론에 기반을 마련해 주기도 했다.

이렇게 곡선으로 둘러싸인 밑부분을 사각형들로 쪼개고 사각형들의 넓이를 다 합쳐 근삿값을 구하는 방법을 **리만** 적분이라고 한다.

물론 직사각형들의 넓이를 합쳐서 곡선 적분(넓이)을 구하려면 전제 조건이 있어야 한다. 곡선이 연속해야 한다는 조건이다. 연속하지 않으면 리만의 방법을 쓸 수 없다. 예를 들어 142쪽 그림의 곡선에서 연속하지 않고 끊긴 점의 적분(넓이)을 구하려면 파란색 직사각형과 노란색 직사각형 중 어떤 것으로 해야 할까? 이렇게 되면 정확하게 계산할 수 없다.

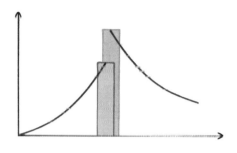

이처럼 연속하지 않는 상황에서는 어떻게 해야 할까? 불연속인 점들로 곡선을 몇 개 나눠나, 각각의 구간이 연속하면 구간별로 적분을 구할 수 있다. 즉 나누어진 곡선들 밑의 넓이를 구한 다음 더하는 것이다.

하지만 어떤 곡선 중간에 무수히 많은 불연속한 점이 있으면 어떡해야 할까?

누구는 생트집 잡는다고 할 수도 있다. 어떻게 무수히 많은 불연속한 점으로 이루어진 곡선이 있다는 말인가? 하지만 수학은 '트집 잡는 것'을 좋아한다. 이런 함수는 정말 있다. 예를 들어 디리클레 함수가 있다. 디리클레 함수는 다음과 같이 정의한다.

$$f(x) = 1, x가 \ 유리수일 \ 때$$
$$f(x) = 0, x가 \ 무리수일 \ 때$$

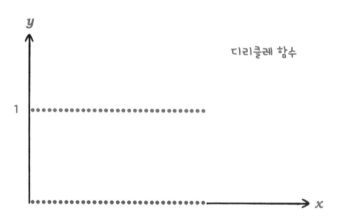

디리클레 함수

이 함수의 점들은 연속하지 않는다. 사실 좌표에 그릴 수도 없지만, 이해를 도우려고 점선으로 표시했다. 빨간색은 x가 유리수일 때고 파란색은 x가 무리수일 때를 나타낸다. 축 위에서 유리수와 무리수가 촘촘하게 '교차'하는 것처럼 보인다. 그러므로 함수가 2개의 '가로 선'으로 나타나지만, 사실 이 두 '가로 선'도 불연속한 점으로 이루어졌다.

여기서 리만의 적분법, 즉 구간을 나눠서 적분을 구하고 다시 더하는 방법은 쓸 수 없다. 조각낸 직사각형의 높이가 1인지, 0인지 모르기 때문이다. 따라서 19세기 말 전까지 수학자들은 이런 함수 적분은 없다고 생각했다.

하지만 19세기 말 프랑스 수학자 **르베그**는 생각을 바꾸면 디리클레 함수같이 연속하지 않는 함수의 적분도 계산할 수 있음을 깨달았다. 르베그가 발견한 이 적분 계산법을 르베그 적분이라고 한다. 리만은 세로로 놓인 직사각형의 넓이를 구했지만, 르베그는 가로로 놓인 직사각형의 넓이를 구했다는 점이 다르다. 자세한 설명은 생략하지만, 중요한 점은 관점을 바꾸면 막힌 문제의 답이 생기기도 한다는 점이다.

르베그는 프랑스 수학자로 적분과 실변수 함수론에 크게 이바지했다. 불연속 함수와 미분 불가능 함수를 깊이 연구했다.

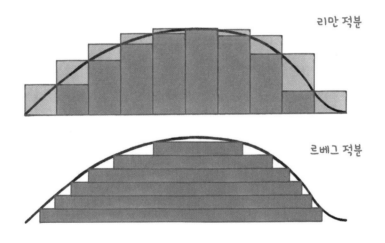

리만 적분

르베그 적분

함수의 연속성 개념에서 보듯이 당연히 맞아 보이는 개념이어도 수학에서는 반드시 분명하게 정의되어야만 한다. 정의가 분명하지 않으면 수학의 철저함이 흔들릴 수 있다. 그러므로 수학을 공부할 때 가장 중요한 점은 핵심 개념을 분명하게 아는 것이다.

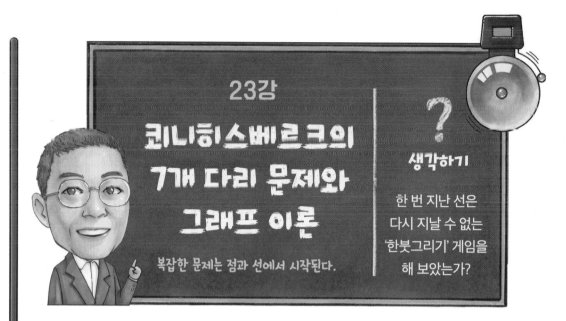

23강

쾨니히스베르크의 7개 다리 문제와 그래프 이론

복잡한 문제는 점과 선에서 시작된다.

생각하기

한 번 지난 선은 다시 지날 수 없는 '한붓그리기' 게임을 해 보았는가?

1735년 스위스 수학자 레온하르트 오일러가 동프로이센의 도시 쾨니히스베르크에 왔다. 역사적으로도 유명한 쾨니히스베르크는 독일 문화의 중심지이자 대철학자 칸트의 고향이며 수학자 힐베르트가 살았던 곳이기도 하다. 오일러는 그곳 사람들이 시간 때우려고 하는 흥미로운 활동을 보았다. 다리 7개를 한 번만 거쳐서 출발 지점으로 돌아오는 것이었다. 하지만 성공한 사람이 단 한 명도 없었다. 쾨니히스베르크의 7개 다리는 프레겔강을 관통했고 강 중앙에 섬이 2개 있었다.

쾨니히스베르크의 7개 다리

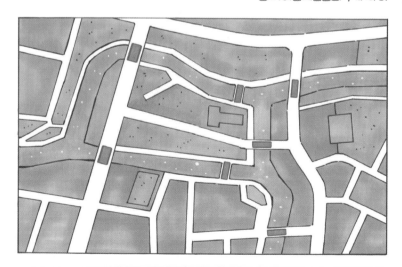

쾨니히스베르크 다리 건너기는 '한붓그리기' 문제로 볼 수 있다. 오일러는 이 문제를 풀 수 없다는 연구 결과를 얻었고, 상트페테르부르크 과학원에서 보고회를 열어 설명했다. 그리고 이듬해 논문에서 다리 건너기와 비슷한 모든 '한붓그리기' 문제를 제시하고 풀었다. 오일러는 논문에서 훗날 그래프 이론이라고 불리는 새로운 수학 도구를 발표했다.

한붓그리기 문제

그래프 이론에 따르면 지도를 꼭짓점과 꼭짓점을 연결하는 선으로 간단하게 만들 수 있다. 꼭짓점과 선의 조합을 그래프라고 한다. 예를 들어 쾨니히스베르크 다리 문제에서 강 양쪽과 중간의 두 섬을 꼭짓점 4개로 하고 다리들을 선으로 잇는다. 이렇게 간단하게 그리면 한붓그리기 문제가 된다.

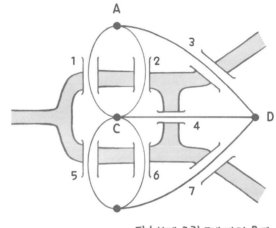

단순하게 그린 7개 다리 문제

오일러는 모든 그래프를 한 번에 그릴 수 있는 것은 아니라고 밝혔다. 선을 한 번씩만 지나서 출발점으로 돌아오려면 조건을 만족해야 한다. 모든 꼭짓점을 연결한 선의 수가 짝수여야 한다는 조건이다. 왜 그럴까? 그래야만 한 선을 지나 꼭짓점에 들어온 뒤 다른 선으로 나갈 수 있기 때문이다.

예를 들어 146쪽의 왼쪽 그림에서는 중간의 꼭짓점이 선 4개를 잇고 있다. 이럴 경우 한 선으로 들어가 다른 선으로 나온 후에, 다시 세 번째 선으로 들어가 네 번째 선으로 나올 수 있다. 결국 모든 선을 한 번만 지난다. 하지만 오른쪽 그림은 선들을 한 번만 지날 수 없다. 중간의 꼭짓점이 선 3개를 연결하고 있기 때문이다. 한 선으로 들어가 다른 선으로 나온 다음, 세 번째 선으로 들어가서 나오려면 좀 전에 지났던 선을 다시 지나야 한다. 이렇게 꼭짓점들을 연결하는 선의 수를 차수라고 한다.

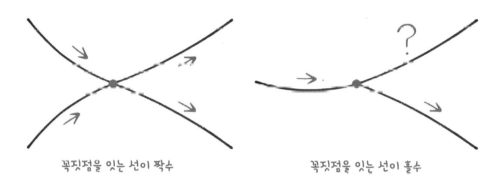

꼭짓점을 잇는 선이 짝수   꼭짓점을 잇는 선이 홀수

쾨니히스베르크 다리의 그래프에서 꼭짓점을 연결한 선은 7개로 홀수, 즉 차수가 홀수다. 그러므로 한 번에 그릴 수 없다. 예를 들어 꼭짓점 A, 즉 강변 A에서 시작해 다시 강변 A로 돌아오는 선을 그려 보자. 번호 순서대로 그리다 보면 6번 다리를 지난 후 7번 다리로 갈 수 없다. 가기 위해서는 5번이나 6번 다리를 다시 지나야 한다. 어떤 경우든 한붓그리기는 할 수 없다.

> 기하 도형이나 공간의 형태는 바뀌어도 그대로 유지되는 성질을 연구하는 학문이 토폴로지다. 토폴로지는 물체들의 위치 관계만 고려하고 형태와 크기는 고려하지 않는다.

오일러가 쓴 논문은 그래프 이론의 첫 학술 논문으로 여겨진다. 오일러가 생각해 낸, 점과 선으로만 이루어진 이론적 도구가 그래프 이론에 크게 이바지한 것이다. 이 도구를 써서 다양한 평면 도형과 기하 문제를 풀 수 있었다. 이를 기반으로 **토폴로지**가 탄생하여 발전했다. 토폴로지와 그래프 이론의 연결 지점에서 유명한 문제들이 많이 생겼는데, 예를 들어 뒤에 나올 4색 지도 문제가 있다.

오늘날에는 복잡한 문제를 꼭짓점과 선으로 이루어진 그래프로 간단하게 나타낼 수 있다. 예를 들어 인터넷은 복잡해 보이지만, 실은 서버가 꼭짓점이고 서버들을 연결하는 통신 회선(안테나 포함)이 선인 그래프다. 인터넷이 없던 시절에도 점과 선의 논리 관계는 다양한 분야에 들어 있었다. 전화, 전화교환기, 전화 회선으로 구성된 전화 네트워크와 기차역, 철도로 구성된 철도 네트워크 등이 있다. 나아가

허구의 관계도 추상적 그래프로 나타낼 수 있다. 예를 들어 논문과 논문에서 인용한 참고 문헌이다. 논문 한 편이 꼭짓점이고 참고 문헌이 선이 되어 흩어진 지식의 점들을 연결해 지식 지도로 바꾼다. 인간관계도 그래프와 같다. 주체인 사람이 네트워크의 꼭짓점이고 사람 사이의 감정과 유대가 곧 선이다.

한 번에 그릴 수 있는 것을 찾아보자

그래프 이론의 응용

생활 속 여러 상황을 그래프로 표현할 수 있으므로 그래프 이론은 20세기 현대 과학과 컴퓨터 과학에서 가장 중요한 분야가 되었다. 과학자는 추상적인 그래프 이론 알고리즘을 설계하고 이 알고리즘으로 생활 속 다양한 문제들을 해결할 수 있었다. 그래프 이론의 알고리즘을 컴퓨터로 구현할 수 있기 때문이었다. 그래프 이론을 다리 삼아 컴퓨터로 현실 문제를 해결할 수 있게 되었다.

예를 들어 승객과 기사를 연결하는 택시 앱이 쓰는 핵심 알고리즘은 그래프 이론의 대표 격인 최대 이분 매칭 알고리즘이다. 이분 매칭이 무엇일까? 이분 매칭은 특수한 그래프인데, 이런 그래프의 꼭짓점은 두 집합으로 나뉜다. 집합 안의 꼭짓점끼리는 연결하지 않는다. 그림처럼 다른 집합의 꼭짓점하고만 연결한다. 그림을 보면 U와 V의 점들끼리 연결되어 있지만 U와 V 안에서는 연결되어 있지 않다.

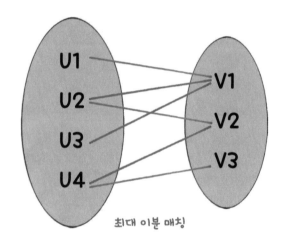

최대 이분 매칭

위대한 수학자의 똑똑한 수학 풀이

그렇다면 최대 이분 매칭이란 무엇일까? U와 V의 꼭짓점들을 최대한 많이 연결하는 선을 찾는 것이다. 물론 꼭짓점은 하나씩만 연결할 수 있다. 남자, 여자 각각 한 명이 짝을 지어 결혼하는 것과 마찬가지다.

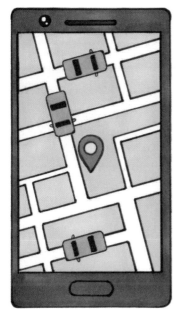

기술이 길치를 구원하다.

택시 앱에서 기사와 승객은 선으로 연결된다. 승객끼리 혹은 기사끼리는 연결되지 않는다. 택시 앱은 승객과 기사를 최대한 많이 연결해야 한다. 한 승객이 동시에 택시 2대를 탈 수 없고 한 기사가 동시에 두 건 (합승하는 경우는 생각하지 말자)을 맡을 수 없다.

이런 상황에서 그래프 이론의 알고리즘으로 택시 앱 문제를 해결하였다. 이외에 돈을 더 많이 벌고 거래 액수를 가장 크게 늘리게 하는 알고리즘도 있는데, 최대 가중치 매칭이라고 한다. 웹 페이지에 어떤 광고를 넣을지 결정하거나 결혼 사이트에서 커플을 이어 줄 때도 최대 가중치 매칭을 쓴다.

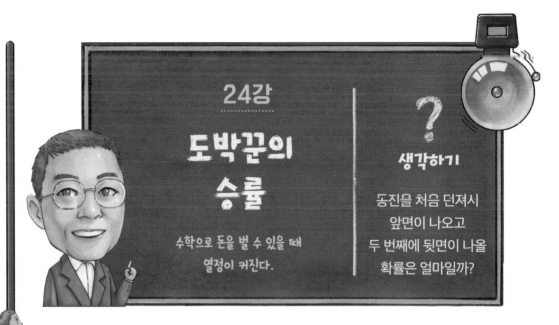

24강

도박꾼의 승률

수학으로 돈을 벌 수 있을 때
열정이 커진다.

생각하기

동전을 처음 던져서
앞면이 나오고
두 번째에 뒷면이 나올
확률은 얼마일까?

동전을 던져서 앞이나 뒤가 나올 가능성은 $\frac{1}{2}$ 이다. 주사위를 던져 한 면이 나올 가능성은 $\frac{1}{6}$ 이다. 어렵지 않다. 그렇다면 직전에 앞이 나온 상황에서, 이번에는 뒤가 나오는 쪽에 걸었다면 이길 가능성이 커질까? 아니면 여전히 $\frac{1}{2}$ 일까? 이것은 수학의 '확률론'과 관련 있다.

확률론은 수학에서 중요한 학문으로 다른 수학보다 비교적 다양하게 쓰인다. 흔히 들어 봤을 '빅데이터'도 확률론을 기반으로 한다. 처음 확률을 연구한 사람은 똑똑한 수학자들이 아니라 도박꾼이었다. 도박판의 승패는 주머니 사정과 바로 연결되었기 때문이다. 도박꾼에게 확률론 연구는 장군이 전략을 연구하는 것과 마찬가지였다. 도박꾼은 왜 승률이 툭하면 예상을 벗어나는지에 골머리를 썩였다.

운도 수학이야.

도박장 사장의 수학 문제

확률론이 생기기 전에는 도박장 사장도 승률을 정확하게 계산하지 못했다. 하지만 도박장 사장이 도박꾼보다 유리하긴 했다. 경험이 많았기 때문이다. 확률은 잘 몰라도 경험으로 어떤 카드가 나올 가능성이 큰지 예측할 수 있었다. 17세기 유럽에는 단순한 도박 게임이 있었다. 주사위를 네 번 연속 던져서 6이 나오지 않으면 도박꾼이 이기지만, 6이 한 번이라도 나오면 도박장 사장이 이긴다. 여기서 도박꾼과 사장이 이길 가능성은 거의 같다. 6이 나올 확률이 $\frac{1}{6}$ 밖에 되지 않기 때문에 다들 자신이 쉽게 이기겠다고 생각했다. 하지만 사장이 이 게임을 만든 데는 다 이유가 있다. 사장의 직감이 도박꾼들보다 정확했기 때문이다. 규칙대로 하면 도박꾼이 게임을 많이 할수록 지는 횟수도 늘었다.

수학 관점에서의 무작위성 연구는 도박에서 시작되었다. 1654년 한 도박꾼이 친구이자 수학자인 파스칼에게 도움을 청했다. 주사위를 네 번 던져 6이 한 번이라도 나올 가능성이 6이 나오지 않을 가능성보다 크다는 사실을 증명해 달라는 부탁이었다. 그 결과, 파스칼은 도박장 사장이 이길 가능성이 아주 조금 더

가르침을 부탁하네.

크다고 계산했다. 대략 52%대 48%였다. 이 4%를 우습게 보면 안 된다. 4%가 쌓이면 꽤 두둑한 돈을 챙길 수 있다. 파스칼은 어떻게 계산했을까?

주사위를 던지면 1에서 6까지 여섯 가지 경우가 나온다. 주사위를 두 번 던지면 몇 가지 경우가 나올까? 6×6=36가지가 나올 수 있다. 세 번 던지면 6×6×6=216, 네 번 던지면 6×6×6×6=1296가지 경우가 나온다.

이어서 도박꾼이 이긴 경우의 수를 살펴보자. 던져서 6이 나오면 안 되므로 1에서 5까지만 나와야 한다. 총 5 × 5 × 5 × 5 = 625가지 경우가 나온다. 그러므로 사장이 이길 경우는 1296 − 625 = 671가지가 된다.

수학자가 도박을 만나면

파스칼과 같은 시기에 도박의 확률을 연구한 수학자가 한 명 더 있었는데, 바로 페르마이다. 페르마와 파스칼은 연락을 자주 주고받았기에 둘이 함께 확률론을 만들었다고 여겨진다. 파스칼과 페르마는 불확실한 문제를 두고 하나의 정확한 답을 찾을 수는 없지만, 이면에 규칙이 있다고 밝혔다. 예를 들어 사람들은 어떤 상황이 잘 일어나고 어떤 상황이 잘 일어나지 않는지 알 수 있다는 것이다.

2배 땄군.

18세기 계몽주의 시대에 빚더미에 앉은 프랑스 정부는 복권을 발행해서 재정을 채울 수밖에 없었다. 하지만 당시 수학 수준이 높지 않아서 당첨자에게 어떻게 보상을 해야 하는지 잘 몰랐다. 당시 대표적 계몽사상가였던 볼테르(뉴턴이 떨어지는 사과를 보고 만유인력 법칙을 깨달았다고 퍼뜨린 사람)는 수학에 뛰어났다. 볼테르는 정부가 발행하는 복권의 오류를 계산해서 손해 보지 않고 돈 버는 방법을 찾아냈고 평생 써도 남을 만큼 돈을 벌었다. 다행히 그는 돈에 빠지지 않았고 복권으로 번 돈으로 글쓰기와 연구에 힘을 쏟았다.

확률, 고치를 뚫고 나오다

18세기에는 볼테르를 비롯해 확률론에 관심을 가지고 연구하는 수학자가 늘어났다. 하지만 확률론은 해결해야 할 기본적인 문제가 있었는데, 확률을 어떻게 정의하는지였다. 확률은 곧 '가능성'인가? 이 질문을 맨 처음 해결한 사람은 프랑스 수학자 라플라스였다.

라플라스는 뛰어난 수학자이자 과학자였다. 라플라스 변환도 개발했으며 칸트의 성운설도 보완했다. 그래서 지금은 성운설을 칸트-라플라스 성운설이라고 부른다. 라플라스는 관직에도 관심이 많았는데 마침 유명한 제자까지 있었다. 바로 나폴레옹이 라플라스의 제자였다. **나폴레옹**이 사관학교에 다닐 때, 라플라스가 수학을 가르쳤다. 스승과 제자라는 인

> 나폴레옹 보나파르트는 19세기 프랑스의 위대한 군인이자 정치가였으며 프랑스 제1제정 황제였다. '나폴레옹 법전'을 반포하여 세계법률 체계를 완성했다. 전쟁에서 수십 번 승리하여 군인 정치의 기적과 찬란한 업적을 남겼다.

연 덕분에 라플라스는 장관이 되었지만 업무를 잘하지는 못했다. 나폴레옹은 라플라스가 위대한 수학자일지언정 장관직에 맞는 사람은 아니라고 말했다.

라플라스는 학률에 대해 가능성이 똑같은 무작위 사건부터 정의해야 한다고 했다. 이 무작위 사건을 기본사건 또는 근원사건이라고 부른다. 예를 들어 주사위의 한 면이 나올 가능성은 모두 $\frac{1}{6}$ 로 같다. 따라서 한 면이 나오는 것이 근원사건이다. 주사위 2개를 동시에 던지면 상황이 복잡해진다. 주사위 2개를 동시에 던져서 더하면 2에서 12까지의 정수가 나오는데, 총 열한 가지 경우다. 그렇다면 열한 가지 경우가 나올 가능성이 모두 같을까? 열한 가지 가능성이면 $\frac{1}{11}$ 이니 같다고 말하는 사람도 있을 것이다.

사실 주사위 2개를 던진 뒤 나온 수를 합치는 것은 근원사건이 아니다. 예를 들어 주사위 2개를 던져서 합쳤더니 6이라면 가능한 조합은 (1, 5) (2, 4) (3, 3) (4, 2) (5, 1) 등 총 다섯 가지 경우이다. 각 조합이 개별적 근원사건이다.

라플라스는 확률을 근원사건을 기반으로 정의했다. 즉 사건 A가 일어날 확률 P(A)는 사건 A에 해당하는 근원사건의 수를 모든 근원사건의 수로 나눈 것이다.

예를 들어 주사위 2개를 동시에 던지는 것을 보자. 주사위 2개를 던져 나온 조합은 총 36가지 근원사건이다. 즉 첫 번째 주사위가 1일 때 두 번째 주사위는 1~6, 여섯 가지 경우가 있다. 첫 번째 주사위가 2일 때 두 번째 주사위는 1~6, 여섯 가지 경우가 있다. 이렇게 계산하면 총 36가지 경우가 나온다. 근원사건은 다시 쪼갤 수 없다.

주사위 1 / 주사위 2	1	2	3	4	5	6
1	2	3	4	5	6	7
2	3	4	5	6	7	8
3	4	5	6	7	8	9
4	5	6	7	8	9	10
5	6	7	8	9	10	11
6	7	8	9	10	11	12

두 주사위의 숫자 합이 6인 경우

그럼 두 주사위의 숫자 합이 6인 경우를 계산해 보자. (1, 5) (2, 4) (3, 3) (4, 2) (5,1) 5개의 근원사건이 있다. 그러므로 두 주사위의 숫자 합이 6이 되는 확률은 5 $\div 36 = \frac{5}{36}$ 이다. 이 방법을 쓰면 2와 12가 나올 확률이 가장 작은 $\frac{1}{36}$ 이고, 7이 나올 확률이 가장 큰 $\frac{1}{6}$ 이다. 2에서 12까지 열한 가지 경우의 확률은 다 다르다. 이 확률을 히스토그램으로 그리면 중간이 가장 크고 양 끝이 가장 작다.

위대한 수학자의 똑똑한 수학 풀이

파스칼이 풀었던 주사위를 네 번 던지는 문제로 돌아가 보자. 모든 근원사건은 1296개, 도박꾼이 이길 근원사건은 625개이므로 도박꾼이 이길 확률은 $\frac{625}{1296}$, 약 0.48이다.

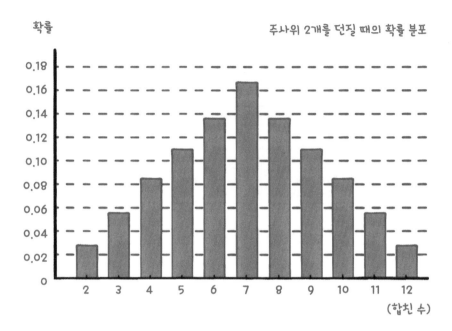

18세기 말부터 19세기에는 확률론에 관심을 기울이는 수학자들이 많아졌다. 스위스의 베르누이, 프랑스의 **라플라스**와 **푸아송**, 독일의 가우스, 러시아의 체비쇼프와 **마르코프** 등은 확률론 발전에 크게 이바지했다. 그들의 노력이 고전적 확률론의 토대를 마련했고 실용적 문제들을 해결했다.

하지만 고전적 확률론의 논리에는 커다란 구멍이 있었다. 이 구멍이 어떻게 메꿔졌는지를 다음 장에서 소개하겠다.

라플라스는 프랑스의 분석학자, 확률론 학자, 물리학자로 프랑스 과학원의 학술위원이었다. 그는 결정론을 지지했고 '라플라스의 악마'를 내놓았다.

푸아송은 프랑스 수학자, 기하학자, 물리학자로 확률론의 사용법을 고치고 무작위 현상의 확률 분포, 즉 푸아송 분포를 만들었다.

마르코프는 러시아 수학자로 마르코프 행렬을 발전시켰으며 대수의 법칙과 중심극한정리의 응용 범위를 넓혔다.

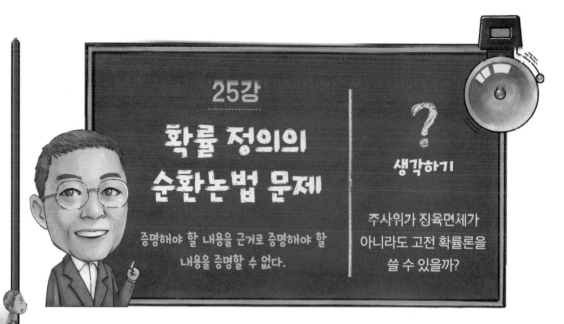

25강

확률 정의의 순환논법 문제

증명해야 할 내용을 근거로 증명해야 할 내용을 증명할 수 없다.

생각하기

주사위가 정육면체가 아니라도 고전 확률론을 쓸 수 있을까?

고전 확률론은 라플라스가 내린 확률 정의 위에 세워졌다. 즉 어떤 사건이 일어날 확률은 이 사건에 해당하는 근원사건의 수를 모든 근원사건의 수로 나눈 것이다. 이 정의가 성립하려면 숨겨진 전제 조건이 필요하다. 모든 근원사건 자체의 확률이 반드시 같아야 한다는 것이다. 주사위 던지기를 예로 들어 보겠다. 한 면이 나올 확률은 $\frac{1}{6}$ 로 모두 같다. 여기서 문제가 생긴다. 확률이 같다는 게 무슨 뜻일까? 주사위의 확률은 쉽게 알지만 다른 문제는 주사위처럼 명확하지 않다. 확률을 정의하려

랜덤박스 고르는 데 수학이 왜 필요해.

동전 던지기면
뭐든 선택할 수 있어.

면 '확률이 똑같은 근원사건' 개념이 있어야 한다. 여기서 근원사건은 또 '확률이 똑같다'라는 것을 전제로 한다. 확률을 확률로 정의한 순환논법에 빠진 것이다.

라플라스의 정의에는 논리적 구멍 말고도 더 큰 문제가 있다. 대부분의 경우 모든 근원사건을 열거하기 힘들다. 심지어 가능성마저 모두 열거할 수 없을 때도 있다. 예를 들어 보험 회사는 60세 노인이 3년 안에 큰 병을 얻을 확률을 정할 수 없다. 모든 예외 상황을 다 알 수 없기 때문이다. 다만 이런 문제가 쉽게 수면 위로 오르지 않았던 것은, 라플라스의 정의는 비교적 이해하기 쉽고 이 정의를 기본으로 한 확률론의 결론도 정확해 보였기 때문이다. 그래서 다들 이 정의가 빈틈이 있는지 없는지 오랫동안 꼬치꼬치 따지지 않았다.

하지만 수학은 철저한 논리 위에 쌓은 지식 체계다. 그 어떤 구멍도 허락하지 않는다. 200년 동안 다소 부족한 정의를 썼지만, 결국 한 위대한 수학자가 등장해 시원하게 해결했다. 그 수학자가 바로 20세기의 소련 수학자인 콜모고로프이다. 그는 확률론의 입지를 끌어올렸다.

콜모고로프의 '랜덤' 인생

콜모고로프는 뉴턴, 가우스, 오일러처럼 다재다능한 수학자였다. 뉴턴처럼 젊은 시절에 대단한 업적을 남기기도 했다. 다양한 업적이 있지만 가장 중요한 업적은 확률론에 대한 것들이다. 스물두 살(1925년)에 확률론 분야의 첫 번째 논문을 발표했고 서른 살에 책 《확률 계산의 기본 개념》을 출판해서 엄격한 공리를 기반으로 확률론을 탄탄히 다졌다. 덕분에 확률론은 정식 수학 분야로 자리매김했다. 같은 해 통계학과 확률 과정에 획을 그은 논문 《확률론의 분석적 방법》을 발표하여 마르코프 결정 과정 이론의 토대를 마련했다. 마르코프 결정 과정은 정부이론, 인공지능, 머신러닝에 강력한 도구가 되었다. 콜모고로프가 기초를 다지지 않았다면 인공지능은 기초 이론 자체가 부족했을 것이다. 과연 콜모고르프가 어떻게 확률론을 공리로 만들었는지 살펴보자.

수학은 어디에나 있지.

첫째, 표본 공간을 정의했다. 표본 공간에는 일어날 수 있는 상황이 다 들어 있다. 예를 들어 동전 던지기의 표본 공간에는 앞이나 뒤가 나오는 두 경우가 들어 있다. 주사위 1개 던지기에는 여섯 가지 경우가 들어 있고 주사위 2개를 던지면 표본 공간에는 (1, 1) (1, 2) … (6, 6) 모두 36가지 경우가 들어 있다. 콜모고르프의 표본 공간이 꼭 유한한 것은 아니다. 무한할 수도 있다.

둘째, 집합을 정의했다. 집합에는 모든 무작위 사건이 들어 있다. 예를 들면 다음과 같은 것들이 있다.

주사위를 던져 4를 넘지 않는 경우, 짝수가 나올 경우, 키가 180cm 이상일 경우, 키가 170~180인 경우 등등

이것은 모두 무작위 사건이다.

마지막으로 함수(측도라고도 부름)를 정의했다. 함수는 집합 안의 한 무작위 사건을 한 숫자와 짝짓는다. 이 함수가 다음 세 공리를 만족하면 확률 함수라고 한다.

세 공리는 간단하다.

공리1: 한 사건의 확률은 0과 1(0, 1 포함) 사이의 실수다.

공리2: 표본 공간의 확률은 1이다. 예를 들어 주사위 던지기에서 1, 2, …, 6이 나오는 경우가 모여 표본 공간을 이룬다. 여섯 가지 경우를 다 합친 확률은 1이다.

공리3: 두 사건 A와 B가 상호배반인 사건, 즉 A가 일어나면 B는 일어나지 않는다면 A가 일어나거나 B가 일어날 확률은 A만 일어날 확률 더하기 B만 일어날 확률이다. 이를 상호배반인 사건의 합법칙이라고 한다. 예를 들어 주사위를 던져 1이 나오는 것과 2가 나오는 것은 상호배반인 사건이다. 1이나 2가 나올 확률은 1만 나올 확률 + 2만 나올 확률이다.

위 공리들은 매우 간단하고 실제 경험과도 맞으며 이해하기도 쉽다. "이렇게 단순한 공리로 확률론을 만들었다고?"라고 의심할지도 모르겠다. 하지만 확률론은 세 가지 공리만 있으면 모든 정리와 앞 장에서 설명했던 내용까지 다 유도할 수 있다.

확률론 정리

확률론에서 가장 기본적인 정리가 어떻게 위의 세 공리를 기초로 유도되었는지 살펴보자.

정리1: 상호배반인 사건들을 합한 확률은 1이다.

상호배반인 사건이란 A가 일어나면 $\overline{A}$는 일어나지 않는 것을 의미한다. 예를 들어 표본 공간 S에서 A가 일어나지 않을 가능성은 $\overline{A}$다. 그리고 이 두 사건이 각각 일어날 확률

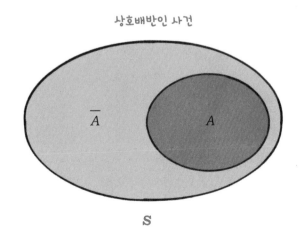

상호배반인 사건

을 합하면 1이다.

공리2와 공리3에서 이 결론은 쉽게 증명된다. 자세하게 설명하면 아래와 같다.

1. A가 일어나면 $\overline{A}$는 일어나지 않는다. 그러므로 둘은 상호배반인 사건이다. 따라서

$$P(A \cup \overline{A}) = P(A) + P(\overline{A})$$

2. 상호배반 사건의 정의에 따라 A와 $\overline{A}$의 합집합은 전체집합이다. 즉 $A \cup \overline{A} = S$, 그리고 $P(S) = 1$이다.

1, 2번에서 $P(A) + P(\overline{A}) = P(A \cup \overline{A}) = P(S) = 1$임을 알 수 있다.

일반적으로 P는 확률을, P(A)는 사건 A가 일어날 확률을 말한다. 'ㄇ'는 교집합, 'ㅂ'는 합집합을 의미한다. 예를 들어 A 집합에 1, 2, 3이 있고 B 집합에 2, 3, 4가 있다면 A∩B는 A와 B가 동시에 있는 수로 이루어진 집합, 즉 {2, 3}이다. A∪B는 A에 있거나 B에 있는 모든 수로 이루어진 집합, 즉 {1, 2, 3, 4}이다.

정리2: 일어날 수 없는 사건(Impossible event)의 확률은 0이다.

정리1에서 두 상호배반인 사건이 함께 있는 것이 필연적 사건(certain event)임을 알 수 있다. 따라서 필연적 사건의 확률은 1이다. 그리고 필연적 사건과 일어날 수 없는 사건은 상호배반인 사건이므로 일어날 수 없는 사건의 확률은 0이어야 한다.

비슷한 방법으로 라플라스의 확률 정의를 증명할 수 있다. 라플라스의 정의도 앞의 3개 공리에서 유도할 수 있다. 라플라스의 설명에 따르면 각 근원사건은 확률이 같고 상호배반인 사건이다. N이라는 근원사건이 있고 N의 확률을 p라고 가정

위대한 수학자의 똑똑한 수학 풀이

하자. 모든 N개 사건의 합집합이 전체집합이다. 두 번째 공리에 따르면 확률의 총합은 1이다. 그리고 세 번째 공리에 따라 확률의 총합은 $N \times p$이다. 그러므로 $N \times p = 1$, 즉 $p = \dfrac{1}{N}$이다.

동전 던지기에서 근원사건인 $N = 2$이다(앞, 뒤). 그러므로 앞이나 뒤가 나올 확률은 반반이다.

주사위 던지기에서 근원사건인 $N = 6$이다(1, 2, 3, 4, 5, 6). 그러므로 한 면이 나올 확률은 $\dfrac{1}{6}$이다.

확률론은 공리와 철저한 정의가 생기고 나서야 경험적인 응용 도구에서 논리적으로 빈틈없는 수학 분야로 거듭났다. 확률론의 세 가지 공리는 이해하기 쉽고 현실과도 맞다.

확률론이 발전하는 과정을 보면 수학자가 어떻게 이론의 구멍을 메꾸는지 알수 있다. 확률론은 공리가 마련된 뒤에야 입지를 다질 수 있었다. 그전의 이론은 공리 체계에 포함된 한 지식에 지나지 않았던 것이다.

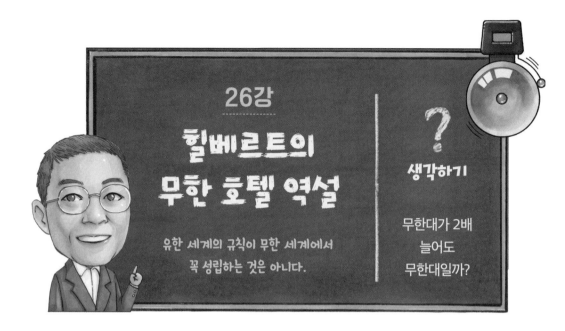

26강

힐베르트의 무한 호텔 역설

유한 세계의 규칙이 무한 세계에서
꼭 성립하는 것은 아니다.

?

생각하기

무한대가 2배
늘어도
무한대일까?

68, 132쪽 등에서 무한소 이야기를 했다. 무한소와 대응되는 것이 바로 한없이 큼이라는 뜻의 무한대이다. 인류는 일찍부터 무한대 개념을 알았다. 일찍이 뉴턴 때부터 무한대 개념을 썼다. 하지만 무한대가 무엇인지 정확하게 이해한 것은 현대에 들어서였다.

신기한 호텔

1924년 독일 수학자 힐베르트는 동료들에게 유한한 세상을 보는 눈으로 무한대의 세상을 이해하지 말라고 일깨워 주고 싶었다. 그래서 그해 세계 수학자대회에서 호텔 역설을 발표하여 무한대의 철학적 의미를 생각하게 했다. 힐베르트의 호텔 역설은 다음과 같다.

호텔의 모든 방이 꽉 찼다. 손님이 호텔 데스크에 물었다.

무한대 관점에서
방법을 생각하시라고요!

"방 하나 주시겠어요?"

호텔 주인은 대답했다,

"죄송합니다. 빈방이 없어서 드릴 수가 없군요."

하지만 방이 한없이 많은 호텔에 간다면 상황이 달라진다. 방이 다 찼어도 주인은 '쥐어짜서라도' 방을 하나 내줄 수 있다. 이렇게 하면 된다. 1호실 투숙객에게 2호실을 줘서 옮기고 2호실 투숙객에게 3호실을 줘서 옮긴다. 계속 반복하면 결국 1호실이 비기 때문에 내줄 수 있다. 무수히 많은 사람이 와도 이 방법을 쓰면 '방이 꽉 찬' 호텔에 묵을 수 있다.

비슷하지만 다음과 같은 방법도 있다. 1호실 투숙객을 2호실로 옮기고 2호실 투숙객을 4호실로 옮긴다. 이를 반복하여 n호실 투숙객을 2n호실로 옮기면 무수히 많은 방을 새 투숙객들에게 줄 수 있다.

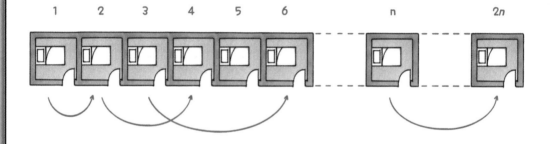

여기서 질문이 생긴다. 방이 다 찼는데 어떻게 방을 비워서 새 투숙객에게 줄 수 있을까? 그래서 역설이라고 한다. 하지만 '호텔 역설'은 진정한 의미의 수학 역설이 아니다. 그저 우리의 직감과 다를 뿐이다. 우리는 방이 다 찼다는 것과 새 투숙객을 받을 수 없다는 것을 같은 뜻으로 받아들인다. 하지만 이는 '유한'한 세상에서나 통하는 규칙이다.

무한대의 세상에는 다른 규칙이 있다. 따라서 유한한 세상에서 내린 수학 결론을 무한대의 세상에 가져가면 통하지 않을 때도 있다. 예를 들어 유한한 세상에서는 어떤 수에 1을 더하면 다른 수가 된다. 원래 수보다 1이 커졌기 때문이다. 100×2

는 200으로 원래의 100과 다르다. 이런 규칙은 무한대의 세상에선 통하지 않는다. 무한대 +1은 여전히 무한대고 무한대 × 2는 여전히 무한대다. 나아가 원래와 같은 무한대일 수도 있다. 그러므로 호텔 역설 속의 호텔은 새 손님이 한없이 많이 와도 방을 줄 수 있다.

힐베르트는 유한한 세상에서 검증한 수학 결론을 무한대의 세상에서 다시 검증해야 한다고 일깨웠다. 유한한 세상의 수학 규칙이 무한대의 세상에서는 성립할 수도 있고 성립하지 않을 수도 있기 때문이다. 단순히 유한한 세상의 규칙을 크게 만들어 무한대의 세상에 가져다 놓아서는 안 된다. 예를 들어 유한집합에서 전체는 부분보다 크다. 이 기본적인 공리가 있기에 호텔 방이 1000칸이라면 짝수 방이 모든 방의 수보다 작다. 하지만 무한대 호텔에서는 짝수 방의 수와 모든 방의 수가 같다. 혹은 5cm 선 위의 점이 10cm 선 위의 점보다 많다는 사실도 증명할 수 있다.

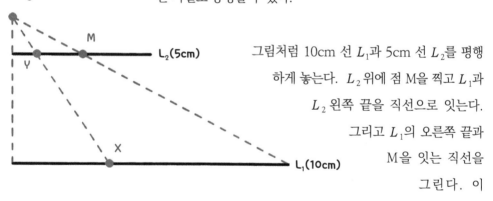

그림처럼 10cm 선 L_1과 5cm 선 L_2를 평행하게 놓는다. L_2 위에 점 M을 찍고 L_1과 L_2 왼쪽 끝을 직선으로 잇는다. 그리고 L_1의 오른쪽 끝과 M을 잇는 직선을 그린다. 이 두 직선의 교점이 S다. L_1 위의 모든 점 X는 L_2 위에서 대응하는 점 Y를 찾을 수 있다.

이어서 10cm L_1에 있는 임의의 점 X에 대하여 X와 S를 잇는 직선을 그린다. 이 직선은 반드시 L_2와 만나는 점이 있고 이 교점은 M의 왼쪽에 있다. 이 교점을 Y라고 하자. 즉 L_1 위의 임의의 점은 L_2의 왼쪽 반 부분에서 대응하는 점을 찾을 수 있다. 따라서 L_2 왼쪽 반 부분의 점들은 L_1 위의 모든 점이 수보다 적을 수 없다. L_2 왼쪽 반 부분의 점들은 당연히 L_2 위의 모든 점의 반이다. 결국 5cm의 L_2에 있는 점들이 10cm의 L_1에 있는 점들보다 많다는 결론이 나온다.

이 추리는 논리적으로 오류가 없다. 그렇다면 왜 이 결론과 우리의 직관적 느낌이 다를까? 유한한 세상에서 얻은 직감이 틀렸기 때문이다. 무한대의 세상은 우리 생각과 다르다.

물론 L_1과 L_2의 위치를 서로 바꾸면 L_1 위의 점이 L_2 위의 점보다 많다는 것을 증명할 수 있다. 그렇다면 또 모순되는 결론이 나온다.

칸토어의 해답

모순을 해결하려면 유한집합 안에서 크기를 비교하는 것을 포기하고 새로운 방법을 써야 한다. 이 문제를 해결한 사람이 바로 독일 수학자 게오르크 칸토어였다. 칸토어는 어떤 도구를 써서 무한대의 크기를 비교했다. 칸토어가 쓴 방법은 다음과 같다.

> 집합은 특정 성질을 가진 원소가 모여서 이루어진다. 예를 들어 한국인 집합에서 원소는 개개의 한국인이다. a가 집합 A의 원소라면 a가 A에 속한다고 하고 a∈A라고 쓴다. a가 A의 원소가 아니라면 a는 A에 속하지 않고 a∉A라고 쓴다.

무한대의 집합 A와 B가 있다고 가정하자. A의 원소 중 B에서 대응하는 원소를 찾을 수 있고 동시에 B의 원소 중에서도 A에서 대응하는 원소를 찾을 수 있다면, 무한대 집합 A와 B의 기수(두 집합이 일대일 대응 관계일 때 대응되는 원소의 수)는 같다. 쉽게 말하면 무한대 집합 A와 B의 크기는 같다. 칸토어의 방법에 따르면 모든 정수와 모든 짝수의 수량은 같다. 모든 자연수와 모든 정수의 수량도 같다. 아울러 모든 유리수와 모든 정수의 수량도 같다. 이런 무한대를 1급 무한대라고 한다. 이런 식으로 하면 5cm 선 위에 있는 점들의 수와 10cm 선 위에 있는 점들의 수, 즉 5cm 선과 10cm 선의 기수가 같다. 따라서 두 선 위에 있는 점의 수가 같다고 생각할 수 있다.

하지만 실수와 유리수의 수량은 다르다. 실수가 훨씬 많다. 유리수와 대응되지 않는 실수가 있기 때문이다. 게다가 0부터 1까지의 실수는 모든 유리수보다 많다. 수의 축을 크게 해서 보면 두 유리수 사이에 한없이 많은 무리수가 있다. 따라서 칸토어는 실수의 집합을 2급 무한대라고 정의했다. 그렇다면 더 높은 급의 무한대는 없을까? 있다. 무한대의 집합에서 다양한 종류의 함수들을 많이 만들어 낼 수 있다. 이런 함수의 수는 엄청많다. 모든 함수의 집합은 더 높은 급을 만들어 내는데, 이것이 3급 무한대다.

생각해 보자. 눈금 위에서 3부터 4까지 손으로 긋다 보면 어느 순간 π를 지나지 않았을까?

유한집합에서 성립한 결론들이 무한의 세상에서는 성립하지 않는다. 예를 들어 '전체가 부분보다 크다.'라는 결론도 성립하지 않는다.

힐베르트는 호텔 역설로 유한한 세상의 규칙이 무한대의 세상에서 통하지 않는다는 점을 일깨웠다. 힐베르트의 발표 뒤 세계 곳곳의 수학자들은 규칙들이 무한대의 세상에서 오류가 없는지 다시 유도했고 결국 검증을 거쳐서 다양한 오류가 발견되었다.

무한대는 단순한 수가 아니므로 일반적인 수를 보는 시각으로 접근하면 안 된다. 그렇다면 무한대의 본질은 무엇일까? 수학자 바크만과 칸토어가 내놓은 답은 이렇다. 무한대는 정태적이지 않고 동태적이다. 무한대는 일정하게 나아가는 움직임, 즉 무한히 증가하는 추세이다. 급이 높은 무한대는 낮은 급의 무한대보다 더 빠르게 증가한다. '1, 2, 3, 4…'처럼 증가하면 느린 편이다. '2, 4, 6, 8…'도 비슷한 속도다. 둘이 같은 급이기 때문이다. 하지만 '1, 2, 4, 8, 16…'처럼 증가하면 훨씬 빠르다.

무한대를 통해 사람들은 새로운 과학 세계관에 눈을 떴고 동태적 변화에 관심을 가졌다. 특히 그 동태적 변화는 아주 멀리까지 나아가는 상황까지 생각하기 시작했다.

무한대의 세상이 가진 특성은 사람들의 이해를 뒤집어 놓았다. 이해 자체에 문제가 있다는 게 아니라 유한한 세상에서의 이해가 너무 좁았다는 뜻이다. 넓디넓은 우주와 지식 체계에 비하면 인간의 이해는 개미가 살아가는 작디작은 환경에 갇혀 있다.

누군가는 우리가 애초에 유한한 세상에서 살고 있으며 우주도 유한한데, 무한대의 세상을 이해하는 게 현실적으로 무슨 의미가 있느냐고 물을 수도 있다. 의미는 차고 넘친다. 컴퓨터의 두 알고리즘 중에서 어떤 것이 좋고 어떤 것이 나쁜지 판단하려면 무한대의 문제를 어떻게 처리하는지를 봐야 한다. 보통 작은 문제를 처리할 때는 속도 차가 거의 없지만, 규모가 큰 문제에서는 수백만 배, 심지어 조 배 이상 차이가 나기도 한다.

이게 무한대의 세상인가?

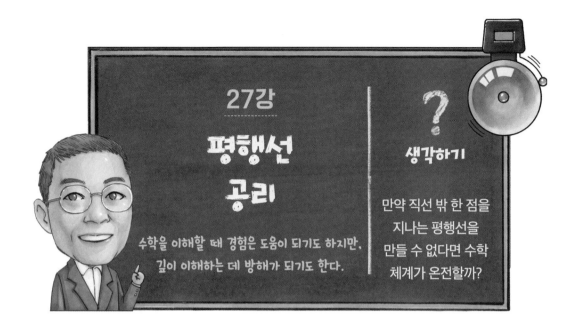

27강

평행선
공리

수학을 이해할 때 경험은 도움이 되기도 하지만,
깊이 이해하는 데 방해가 되기도 한다.

?
생각하기

만약 직선 밖 한 점을
지나는 평행선을
만들 수 없다면 수학
체계가 온전할까?

기하학은 유클리드 이후 2000년 동안 별다른 발전이 없었다. 몇몇 수학자가 어려운 기하학 문제들을 풀긴 했다. 예를 들어 가우스는 정십칠각형을 작도할 수 있음을 증명했다. 하지만 문제를 푼 것이지, 새로운 공리나 지식은 그다지 많이 나오지 않았다.

모든 것은 공리에서

하지만 유클리드가 공리적 기하학을 만든 뒤 수학자들의 마음속에 의문이 생겼다. 유클리드의 기본 공준(공리처럼 분명하지는 않지만 증명할 수 없는 명제로서, 학문적 또는 실천적 원리로서 인정되는 것) 5개가 다 필요할까? 유클리드의 공준은 다음과 같다.

1. (직선 공준) 두 점을 지나는 직선은 1개만 그릴 수 있다.
2. 직선은 양쪽으로 마음대로 늘릴 수 있다.
3. (원 공준) 어떤 점을 중심으로 임의의 길이를 반지름으로 하는 원을 그릴 수 있다.
4. (직각 공준) 모든 직각은 서로 같다.
5. (평행 공준) 같은 평면 안에서 두 직선이 다른 한 직선과 만나 이루는 두 내각의 합이 두 직각의 합(180°)보다 작을 때, 이 두 직선을 한없이 늘리면 두 내각과 같은 쪽에서 만난다.

1~3번 공준은 컴퍼스와 자로 작도할 때 필요하므로 '자-컴퍼스 작도 공설'이라고도 부른다. 5번 공준은 말로는 아리송한데 아래 그림으로 나타낼 수 있다.

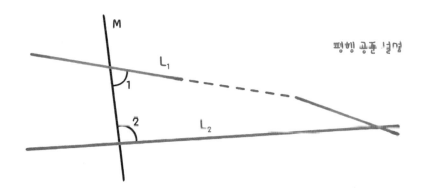

평행 공준 설명

그림에서 $\angle 1 + \angle 2 < 180$이기에 L_1과 L_2는 결국 두 내각과 같은 쪽인 오른쪽에서 만난다. 이것이 5번 공준의 뜻이다. 물론 $\angle 1 + \angle 2 > 180$, 즉 두 내각의 합이 180보다 크면 L_1과 L_2는 두 내각의 반대편인 왼쪽에서 만난다. 만약 $\angle 1 + \angle 2 = 180$이면 어떻게 될까? 5번 공준에 따르면 L_1과 L_2는 영원히 만나지 않으므로 평행선이 된다. 따라서 5번 공준은 다음과 같이 알아듣기 쉽게 설명할 수 있다.

직선 밖의 한 점을 지나는 평행선은 하나만 그릴 수 있다

1~4번 공준은 매우 중요해서 하나만 없어도 가치 있는 결론을 얻기 힘들다. 하지만 5번 공준은 필요할까? 혹은 1~4번 공준으로 5번을 유도해 낼 수 있을까? 이런 의문은 5번이 앞의 공준들처럼 간단하지도 않고 마치 정리처럼 보였기 때문에 생겼다. 또 1~4번은 유클리드의 《기하학 원론》에서 시작하자마자 등장하는데, 5번 평행 공준은 뒷부분에 가서야 나온다. 사실 유클리드 본인도 5번을

별로 좋아하지 않았는데 어떤 정리들을 증명하려면 어쩔 수 없이 필요했기에 사용했다.

그래서 유클리드 이후 2000년 동안에는 5번 공준을 쓰지 않고 기하학을 정립하려고 노력했다. 하지만 전부 실패로 돌아갔다.

5번 공준을 깨다

19세기 초, 러시아 수학자 니콜라이 로바쳅스키는 5번 공준이 정리임을 증명하려고 했다. 다른 공준에서 5번을 유도하려고 했지만, 아니나 다를까 실패했다. 5번 공준이 정리인지 아닌지는 훗날 이탈리아 수학자 에우제니오 벨트라미가 5번 공준이 다른 공리들과 마찬가지로 독립적임을 증명하고 나서야 정리되었다. 하지만 로바쳅스키의 시도는 헛되지 않았다. 그는 5번 공준을 고치면 새로운 기하학 체계를 세울 수 있음을 깨달았다. 5번 공준을 "직선 밖의 한 점을 지나는 평행선을 여러 개 그릴 수 있다."라고 고쳤다. 훗날 이 새로운 기하학 체계를 로바쳅스키 기하학이라고 불렀다.

로바쳅스키와 유클리드의 논리는 같지만, 5번 공준을 다르게 표현한 점이 다르다. 물론 결과도 약간 달랐다. 훗날 수학자 리만은 둘과 다르게 "직선 밖의 한 점을 지나는 평행선을 하나도 그릴 수 없다"라고 가정해 또 다른 기하학 체계를 만들었다. 이것을 리만 기하학이라고 부른다. 로바쳅스키와 리만 기하학을 비(非)유클리드 기하학이라고 한다. 우리가 일반적으로 아는 기하학은 유클리드 기하학이다.

그렇다면 로바쳅스키, 리만, 유클리드 기하학 중에서 맞는 것이 무엇일까? 사실 맞고 틀림이 없다. 세 기하학이 등가임을 어렵지 않게 증명할 수 있다.

단순히 생각하면 유클리드가 맞고 로바쳅스키와 리만은 틀린 것 같다. 종이에 둘이 설명한 경우를 그릴 수 없기 때문이다. 하지만 우리가 '평평하고 네모난' 세상에 산다는 점을 떠올려야 한다.

에들 들어 곧게 쭉 뻗은 철도 선로 위로 빛줄기들이 직선을 그리며 멀어지고 있을 때, 빛줄기들과 선로는 서로 만날 수 없다. 우리는 선입견을 가지고 으레 한 직선과 그 직선 밖의 한 점을 지나는 평행선이 하나도 없거나, 2개일 수 없다고 생각한다.

하지만 우리가 사는 공간이 왜곡되었으며 '평면'이 사실은 U자 모양, 즉 쌍곡면이라면 로바쳅스키의 말은 정확하다. 직선 밖의 한 점을 지나는 평행선을 많이 그릴 수 있기 때문이다.

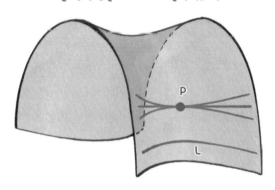

쌍곡면에서는 직선(L) 밖의 한 점(P)을 지나는 평행선을 여러 개 그릴 수 있다.

반대로 우리가 타원면에 산다면 직선 밖의 한 점을 지나는 평행선을 1개도 그릴 수 없다. 아래 그림을 보면 빨간색 점을 지나는 선과 평행한 빨간색 직선을 그어도 결국 타원면의 어떤 점에서 두 선이 만난다. 이 경우 리만의 말은 정확하다.

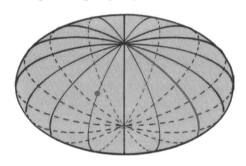

타원면에서는 직선 밖의 한 점을 지나는 평행선을 그릴 수 없다.

위의 분석에서 보듯이 유클리드, 로바쳅스키, 리만의 기하학은 각각 평평하고 네모난 공간, 쌍곡면 공간, 타원면 공간에서 정확하다. 비유클리드 기하학과 유클리드 기하학이 다르게 보이고 결론이 달라도, 사실은 같은 내용임을 증명할 수 있다.

유클리드 기하학에서 자기모순이 아니면 비유클리드 기하학에서도 자기모순이 아니다.

비유클리드 기하학이 탄생하고 검증되는 과정을 보면 수학은 절대 경험 과학이 아니라는 점을 깨달을 수 있다. 수학은 경험과 직관을 따르면 안 된다. 직관과 경험이 이성을 둔하게 만들기 때문이다. 유클리드의 가설이 맞아 보이고 로바쳅스키와 리만의 가설이 어렵게 느껴지는 이유는 경험이 이성적인 생각의 발목을 잡았기 때문이다.

비유클리드 기하학의 응용

세 가지 기하학 체계가 사실상 같은 말이라면 굳이 실제 경험과 다른 기하학 체계를 만들 필요가 있었을까? 사실 로바쳅스키와 리만도 새 기하학 체계를 만들면서 실제로 어떻게 쓰일지는 알지 못했다. 애초에 리만은 곡면 수학 문제를 간단하게 설명하려고 새 기하학 체계를 내놓았을 뿐이었다.

사실 다 같은 말이에요. 이해되나요?

리만 기하학은 반세기 동안 쓰임이 별로 없었다. 리만 기하학이 유명해진 것은 수학자가 아닌 물리학자 아인슈타인 덕분이었다. 아인슈타인이 일반 상대성 이론에서 쓴 수학 도구가 바로 리만 기하학이다. 아인슈타인의 이론에 따르면 질량이 큰 물체(예를 들어 항성)는 오른쪽 그림처럼 주변 시공을 왜곡한다. 뉴턴이 내놓은 만유인력의 법칙은 왜곡된 시공간에서의 기하학 특징, 즉 시공간의 곡률이라고 설명된다. 아인슈타인은 방정식을 써서 곡률의 물질, 에너지, 운동량을 연결했다. 유클리드가 아닌 리만 기하학으로 일반 상대성 이론을 설명한 것은 시공과 물질의 분포가 서로 영향을 주고 질량이 큰 천체 주변의 공간이 만유인력의 장에 의해 왜곡되기 때문이다. 왜곡된 공간에서 빛은 직선이 아니라 곡선으로 움직인다.

지구의 만유인력의 장은
주변 시공을 왜곡한다.

1918년 아서 스탠리 에딩턴은 일식을 이용해서 별빛을 관찰하면서 빛의 궤적이 태양 주위에서 곡선으로 변하는 것을 발견했다. 그제야 사람들은 아인슈타인의 이론을 인정했다. 이 사건으로 이론물리학자들은 리만 기하학을 자주 쓰기 시작했다. 예를 들어 지난 30년 동안 물리학자들은 초끈이론에 푹 빠져 있는데, 리만 기하학(그리고 리만 기하학에서 비롯된 공형 기하학)은 초끈이론의 수학적 기반이다. 아울러 리만 기하학은 컴퓨터 그래픽과 3D 지도 제작 등의 분야에 널리 쓰인다.

비유클리드 기하학의 탄생 과정에서 우리는 공리가 얼마나 중요한지 알 수 있었다. 공리는 결과를 결정한다. 수학의 묘미는 논리가 모순되지 않고 체계 간 조화를 이루는 데 있다. 리만 등이 평행 공준을 잘 고쳤기 때문에 기하학이라는 건물이 무너지지 않았다. 게다가 새로운 수학 도구가 나올 수 있다. 하지만 어떤 공준을 마구잡이로 고치면 기하학은 와르르 무너질 수 있다.

수학은 도구이다. 도구 중에는 종류가 같고 역할도 비슷한 도구들이 많다. 하지만 상황마다 어떤 도구는 쓸모 있고 어떤 도구는 불편하다. 일자 드라이버와 십자 드라이버의 기능은 비슷하지만, 십자를 써야 할 때 일자를 쓰면 마음대로 되지 않는 것과 같다. 그런 점에서 아인슈타인이 뛰어난 점은 딱 맞는 수학 도구를 능수능란하게 쓴 데 있다.

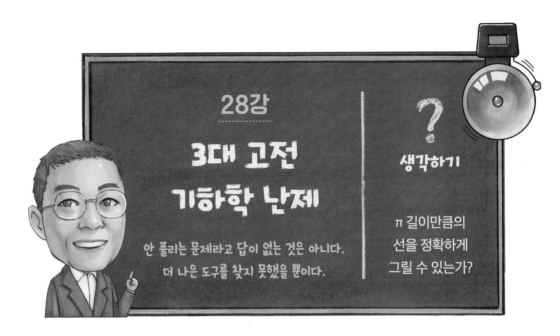

28강

3대 고전
기하학 난제

안 풀리는 문제라고 답이 없는 것은 아니다.
더 나은 도구를 찾지 못했을 뿐이다.

?

생각하기

π 길이만큼의
선을 정확하게
그릴 수 있는가?

기하학에는 고전적 작도 문제가 몇 개 있다. 쉬워 보이는데 수천 년간 아무도 풀지 못한 문제이다. 가우스 등 천재들도 맥을 못 췄다. 하지만 19세기 유럽의 두 천재 소년이 '군론'이라는 수학 도구를 발명하자 어렵지 않게 풀렸다. 군론을 설명하기 전에 고전적 수학 문제 3개를 살펴보자.

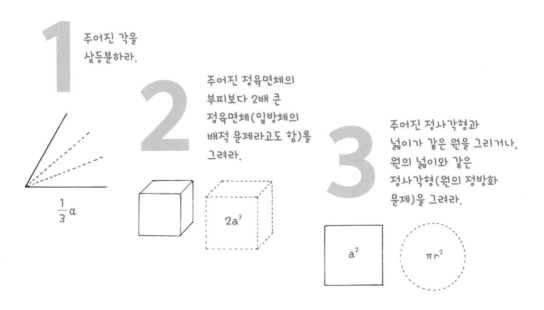

1 주어진 각을
삼등분하라.

$\frac{1}{3}\alpha$

2 주어진 정육면체의
부피보다 2배 큰
정육면체(입방체의
배적 문제라고도 함)를
그려라.

$2a^3$

3 주어진 정사각형과
넓이가 같은 원을 그리거나,
원의 넓이와 같은
정사각형(원의 정방화
문제)을 그려라.

a^2

πr^2

이때 눈금 없는 자와 컴퍼스만을 사용해서 작도해야 한다.

2번 문제에서 정육면체의 변 길이를 a, 그려야 할 정육면체의 변 길이를 x라고 하면 $x^3 = 2a^3$이다. x를 구하기 위해 양쪽에 세제곱근을 씌우면 $x = \sqrt[3]{2a}$이다. 따라서 $\sqrt[3]{2}$만 그릴 수 있으면 문제가 해결된다. 3번 문제도 같은 논리다.

2번과 3번 문제는 비슷하다. 컴퍼스와 자로 길이가 무리수인 도형을 그리는 것이다. 2번은 2의 세제곱근($\sqrt[3]{2}$), 3번은 원주율(π)이다 $\sqrt[3]{2}$와 π를 그릴 수 있다면 2, 3번은 쉽게 풀린다. 반대로 그릴 수 없다고 증명하면 '해가 없다'가 답이므로 역시 풀린다.

1번 문제는 $\dfrac{1}{3}$각의 삼각함수를 풀어야 하는데 공식도 어렵지 않다. 예를 들어 $\sin\dfrac{x}{3}$를 계산해야 하므로 아래 방정식을 구하면 된다.

$$sinx = 3 \cdot sin\frac{x}{3} - 4 \cdot sin^3\frac{x}{3}$$

이 방정식을 몰라도 괜찮다. 답에 세제곱근이 있어서 2번 문제와 같다는 점만 파악하면 된다. 보다시피 기하학의 고전 문제는 컴퍼스와 자로 무리수를 그려 내는 것이다.

컴퍼스와 자로 작도할 수 없다

수천 년 동안 꽤 많은 수학들이 작도에 도전했다. 이전에는 특별한 작도 규칙이 없었기 때문에 경험과 운이 성공 여부를 정했다. 가우스가 정십칠각형을 그려 낸 것은 그가 똑똑한 것도 있었겠지만, 운도 한몫 톡톡히 했다. 정십칠각형의 길이를 계산했더니 모두

자연수 17의 제곱근 $\sqrt{17}$을 그리려면 피타고라스 정리에 따라 두 변의 제곱의 합이 17인 직각삼각형을 찾으면 된다. 예를 들어 변 길이를 1과 4로 한다면 빗변은 $\sqrt{17}$이다.

제곱근이었고 세제곱근이나 오제곱근은 없었기 때문이다. 하지만 가우스의 방법을 정칠각형이나 정십구각형에 쓰면 소용이 없다.

무리수 중 자연수의 제곱근은 컴퍼스와 자로 그릴 수 있다. 피타고라스 정리가 보증하는 사실이다. 하지만 세제곱근 이상은 이야기가 달랐다.

1 작도 문제를 풀기 위한 체계적인 수학 도구가 없다. 문제들 자체가 개별적이라 한 문제를 푼다고 다른 문제 풀이에 도움이 되지 않는다.

2 자와 컴퍼스로 그릴 수 있으려면 길이가 유리수와 제곱근이어야 한다. 길이가 세제곱근이거나 복잡한 무리수라면 대부분 그릴 수 없다.

19세기까지 작도 문제의 역사를 정리하면 다음과 같은 두 규칙을 알 수 있다.

19세기 초 수학자들은 2번 규칙에 관심을 기울였지만, 아무도 풀지 못했다. 이 문제를 체계적으로 푼 사람은 앞서 말했던 뛰어난 천재 둘이었다. 프랑스의 갈루아와 노르웨이의 닐스 헨리크 아벨이다. 둘 중 갈루아를 소개하겠다.

남들이 뭐라고 떠들든 상관없어.

천재 갈루아

갈루아는 1811년에 태어나 20년밖에 못 살고 1832년에 세상을 떠났다. 그럼에도 갈루아는 근대 대수학의 한 분야인 군론의 기초를 닦았다. 갈루아는 지능이 무척 높았다. 지능이 뛰어난 사람은 가르치기 힘들다. 그들 눈에 일반인은 평범하기 짝이 없기 때문이다. 그래서 갈루아는 중고등시절에 "특이하고 이상하다. 창의력은 있지만 자기만의 세상에 빠져 있다."라는 평가를 받았다.

갈루아는 열한 살에 프랑스에서 유명한 루이르그랑 학원에 다녔고 성적도 뛰어났다. 그럼에도 수업이 너무 쉬워서 학교생활에 싫증을 느꼈다. 운 좋게 열네 살에 수학에 빠져서 미친 듯이 공부했고 열다섯 살이 되자 대수학자 라그랑주의 책을 이해할 수 있게 되었다. 물론 다른 과목에는 흥미를 잃었지만 말이다.

대학 입학은 순조롭지 않았다. 1829년, 공립 공괴대학교인 에콜 폴리테크니크에 두 번 도전했지만, 구술 고사에서 떨어졌다. 오만한 갈루아가 시험을 우습게 보고 면접관이 낸 문제가 너무 쉽다며 칠판지우개를 던졌다는 이야기도 전해진다. 그는 이후 사범학교인 에콜 노르말 쉬페리에르에 합격했다. 에콜 노르말 쉬페리에르는 기초 수학 연구의 중심지이자 필즈상 수상자를 가장 많이 배출한 곳이다. 선생님들은 갈루아를 생각이 괴상하지만 똑똑하고 남다른 학업 정신을 가진 학생이라고 평가했다.

갈루아가 맨 처음 수학에서 성과를 낸 건 대학 시절이었다. 1829년 3월 열여덟 살의 갈루아는 첫 논문을 발표했다. 바로 뒤이어 논문 두 편을 대수학자 코시에게 보냈다. 하지만 그것들은 발표되지 못했다. 이 사건을 두고 여러 추측이 있다. 갈루아는 급진적 개혁파였고 코시는 보수파라서 갈루아의 논문을 발표하지 못하게 했다는 설과 코시가 이름 없는 청년의 논문을 대수롭지 않게 여기고 그냥 치웠다는 설이 있다. 물론 다른 설도 있다. 두 논문의 중요성을 알아본 코시가 둘을 합쳐서 수학 대회에 참가하라는 의견을 냈지만, 이미 발표한 논문은 참가할 수 없었기에 일부러 발표하지 않았다는 설이다. 이유가 뭐였건 간에 갈루아의 논문들은 발표되지 않았다.

갈루아는 1830년, 프랑스의 7월 혁명에 가담했다. 학교 신문에서 교장을 비난하고 정치적 이유로 두 번이나 감옥에 들어갔으며 자살까지 시도했다. 갈루아의 죽음을 둘러싸고는 여러 이야기가 있지만, 결투에서 죽었다는 설이 많이 알려져 있다. 죽음을 예상한 갈루아는 결투 전날 자신이 수학에서 거둔 업적을 미친 듯이 써 내려갔다.

그러나 그의 죽음 이후에도 그의 업적은 바로 빛을 보지 못했다. 친구가 갈루아의 유언대로 수학계 거장 가우스와 독일 수학자 야코비에게 이 논문을 보냈지만 아무런 반응이 없었다. 몇 년 뒤가 지나서야 프랑스 수학자 리우빌이 갈루아의 독창적이고 가능성 있는 연구를 알아보고, 1846년 정리한 내용을 발표했다. 이를 계기로 갈루아는 군론을 만들었음을 인정받았고 군론의 기초 부분에 갈루아 이론이라는 이름이 붙게 되었다.

싹 다 적자.

군론은 근대 대수, 수론, 컴퓨터 과학에서 중요한 분야이다. 군론을 써서 3대 고전 문제의 답이 없음을 증명하는 것은 도축용 칼로 닭 목을 베는 일만큼 쉬웠다. 수학자들을 괴롭혔던 다른 문제들도 군론으로 어렵지 않게 풀 수 있었다. 예를 들어 왜 5차 이상의 방정식은 **해석해**(analytical solution)가 없고 4차 이하 방정식은

> 해석해란 엄격한 공식으로 얻은 해를 말한다. 구체적인 함수 형태로 해의 표현식에서 대응 값을 계산할 수 있다.

꼭 해석해가 있는지, 어떤 정다각형은 자와 컴퍼스로 그릴 수 있고 어떤 정다각형은 그릴 수 없는지가 증명됐다.

그렇다면 어떻게 군론을 써서 작도 문제를 대수 문제로 바꾸어 풀었는지 알아보자. 작도 문제는 컴퍼스와 자만 쓸 수 있고 다섯 가지 기본 도형만 그릴 수 있다.

1. 정해진 점을 지나는 직선
2. 정해진 중심과 어떤 점을 지나는 원
3. 직선과 원이 만나는 점
4. 원과 직선이 만나는 점
5. 원과 원이 만나는 점

변년에 점들이 있다고 가정하자. 예를 들어 삼각형의 세 꼭짓점이 주어졌다. 꼭짓점들을 집합 E_0에 넣는다. E_0에서 시작해 위의 5개에 따라 그릴 수 있는 점을 E_1이라고 한다. 다시 E_0와 E_1에서 시작해 그릴 수 있는 점은 E_2이다. 같은 방법으로 E_0에서 시작해 자와 컴퍼스로 그릴 수 있는 모든 점을 $C(E_0)$라 한다면 이는 $E_0 \cup E_1 \cup E_2 \cdots$다.

이처럼 자와 컴퍼스로 그릴 수 있는 모든 도형이 수학식의 한 군이 된다. 이 군은 폐쇄적, 즉 명확한 경계가 있다. 경계 안의 도형은 모두 그릴 수 있고 경계 밖의 도형은 그릴 수 없다. 그렇다면 이 경계는 무엇일까? 하나만 그리면 다음 방정식의 해이다.

$$a_n\,x^n + a_{n-1}x^{n-1} + \cdots + a^0 = 0$$

여기서 $n = 1, 2, 4, 8, 16\cdots$이며 a_n, a_{n-1}, a_0는 유리수이다.

이런 식으로 풀 수 있는 방정식은 그릴 수 있다. 못 풀면 그릴 수 없다.

$$\sin x = 3 \cdot \sin\frac{x}{3} - 4 \cdot \sin^3\frac{x}{3}$$

각의 삼등분 문제의 방정식인 이 방정식은 위의 격식에 맞지 않다. 따라서 자와 컴퍼스로 그릴 수 없다. 즉 자와 컴퍼스로 주어진 각을 삼등분할 수 없다.

인류를 수백 년, 나아가 수천 년을 괴롭힌 이 문제는 당시의 수학 지식만으로는 풀 수 없었다. 훗날 더 나은 수학 도구가 나오면서야 순조롭게 풀렸다.

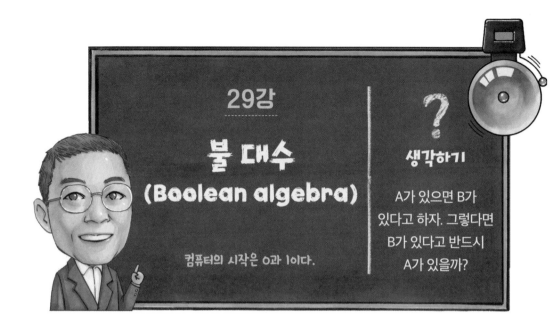

29강
불 대수
(Boolean algebra)

컴퓨터의 시작은 0과 1이다.

? 생각하기

A가 있으면 B가 있다고 하자. 그렇다면 B가 있다고 반드시 A가 있을까?

"진실은 언제나 하나!"

만화 『명탐정 코난』에 나오는 유명한 대사다. 코난은 뛰어난 추리력으로 사건을 해결한다. 사실 추리력은 논리적 사고의 한 면이다.

'논리적 사고'가 무엇일까? 하늘에 낀 먹구름을 봤다고 하자. 곧 비가 오겠다고 생각하는 것이 바로 논리적 사고이다. 또한 비가 오기 전에 항상 먹구름이 끼지는 않는다고 생각하는 것도 논리적 사고이다.

인간은 논리적 사고를 하기에 동물과 확연히 다르다. 동물은 지능이 높지 않아서 보통 논리적 추리를 하지 못한다. 인간은 상당히 오랫동안 논리적 추리를 해왔다. 논리적 추리를 학문으로 만든 사람은 대학자 아리스토텔레스였다. 그는 '형식 논리와 추리 과정'을 주제

로 논문을 여럿 발표했고 자신의 책 《오르가논》에도 넣었다. 지금 우리가 쓰는 논리학 단어는 전부 아리스토텔레스가 정한 것이다.

논리학과 수학은 뗄 수 없는 관계이므로 19세기 수학자들은 논리를 수학으로 만들 수 있는지 고민하기 시작했다. 즉 논리를 수학적 방법으로 표현하는 것을 연구했다.

가장 먼저 논리를 수학으로 만들려고 했던 사람은 라이프니츠였다. 하지만 그럴듯한 성과를 얻지 못했다. 논리 문제를 수학으로 해결할 방법을 체계적으로 마련한 사람은 19세기 중엽의 영국 수학자 조지 불이었다.

논리가 수학이고 수학이 논리이다.

불은 1815년에 태어났으며, 젊었을 때 수학에서 재능을 보였다. 대학을 졸업하고 학교에서 수학을 가르치던 불은 남는 시간에 수학 문제를 연구했다. 그는 1847년 책 《논리의 수학적 분석 The Mathematical Analysis of Logic》을 발표해 수리논리를 만들었다.

형식논리학에서 수리논리학으로

수리논리학이란 무엇일까? 먼저 간단한 형식논리학부터 시작해 보자.

형식논리학의 정의는 별로 중요하지 않다. 어떤 사건을 설명한 것을 명제라고 부른다는 사실만 알면 된다. 예를 들어 "펭귄은 남극에 산다."가 명제다. 명제는 참일 수도 거짓일 수도 있다. 이 명제가 참인 반면 "북극곰은 남극에 산다."라는 명제는 거짓이다. 명제는 뒤집어 말할 수 있다. 예를 들어 "펭귄은 남극에 살지 않는다."는 "펭귄은 남극에 산다."의 반대이다. 이런 명제를 부정 명제라고 한다. 물론 참인 명제를 뒤집으면 거짓이고 거짓 명제를 뒤집으면 참이다. 여기서 참 명제와 거짓 명제는 대응하지만, 거짓 명제와 부정 명제 간 필연적 관계는 없다는 점을 주의해야 한다.

명제 몇 개를 합쳐서 복합 명제로 만들 수도 있다. 앞의 두 명제를 합쳐서 "펭귄은 남극에 살고 북극곰은 남극에 산다."로 만들면 복합 명제이다. 여기서 '살고' 두 글자를 잘 보라. 이 복합 명제는 거짓이다. 뒤 구절이 거짓이기 때문에 복합 명제가 성립하지 않는다. 한편 비슷해 보이지만 "펭귄은 남극에 산다. 또는 북극곰은 남극에 산다." 이 명제는 성립한다. 이 조합에는 '또는'이 들어갔기에, 두 명제 중 하나만 참이면 복합 명제도 참이다. 두 명제를 합치면 두 가지 경우가 생긴다. 모든 명제가 성립해야만 복합 명제가 성립하는 것을 논리적으로 'And(이고)' 관계라고 한다. 한 명제만 성립하면 복합 명제가 성립하는 것을 논리적으로 'Or(또는, 혹은)' 관계라고 한다.

수리논리학의 연산

참 명제를 1, 거짓 명제를 0, ∧를 'And' 관계로 나타내 보자. 앞 두 명제의 참과 거짓 조합에 따라서 'And 연산'의 네 가지 결과를 얻을 수 있다.

$$0 \wedge 0 = 0 \quad 0 \wedge 1 = 0 \quad 1 \wedge 0 = 0 \quad 1 \wedge 1 = 1$$

$0 \wedge 1 = 0$를 예로 들어 보자. 첫 번째 0은 "북극곰은 남극에 산다.", 1은 "펭귄은 남극에 산다."를 나타낸다. And 연상으로 둘을 묶었으니 $0 \wedge 1$은 "북극곰은 남극에 살고 펭귄은 남극에 산다."이다. 보다시피 복합 명제는 거짓이다. 즉 식으로 쓰면 $0 \wedge 1 = 0$이 된다.

'Or 연산'은 'V'로 나타낸다. 역시 아래 네 가지 결과를 얻을 수 있다.

$$0 \vee 0 = 0 \quad 0 \vee 1 = 1 \quad 1 \vee 0 = 1 \quad 1 \vee 1 = 1$$

$0 \vee 1 = 1$을 예로 들어보자. $0 \vee 1$은 "북극곰은 남극에 산다. 또는 펭귄은 남극에 산다."를 나타낸다. 보다시피 이 복합 명제는 참이다. 즉 식으로 쓰면 $0 \vee 1 = 1$이다.

'And 연산', 'Or 연산', **'Not(부정) 연산'**을 조합하면 논리 연산을 다양하게 만들 수 있다. 우리가 생각하는 논리 관계를 이 세 연산으로 나타낼 수 있다. 대표적으로 "그가 있으면 내가 없고 내가 있으면 그가 없다." 혹은 "김 군이 가면 내가 안 가고 김 군이 안 가면 내가 간다." 등의 논리 관계인 배타적 논리합

'Not(부정) 연산'이란 원래 결과를 반대로 계산하는 것이다. 거짓 명제에 'Not 연산'을 하면 참 명제가 출력되고 참 명제에 'Not 연산'을 하면 거짓 명제가 출력된다. ㄱ로 나타낸다. 예를 들어 "p가 아니다."는 ㄱp로 나타낸다.

(exclusive OR)이 있다. 배타적 논리합의 네 가지 결과는 다음과 같다.

$$0 \oplus 0 = 0 \quad 0 \oplus 1 = 1 \quad 1 \oplus 0 = 1 \quad 1 \oplus 1 = 0$$

여기서 $\oplus$는 배타적 논리합을 의미한다.

$0 \oplus 1 = 1$을 예로 들어 보자. $0 \oplus 1$은 "북극곰이 남극에 살거나 펭귄이 남극에 산다."이다. 이 복합 명제는 참이다. 식으로 쓰면 $0 \oplus 1 = 1$이다.

이런 논리 연산이 무슨 쓸모가 있느냐고 물을 수도 있다. 사실 불 자신도 몰랐다. 논리 관계를 참과 거짓의 연산으로 나타내는 게 재미있었을 뿐이었다.

수리 논리학의 응용

반세기 뒤인 1936년, 스무살의 미국 청년 클로드 섀넌은 미시간대학교를 졸업하고 매사추세츠 공과대학에서 과학자 버니바 부시에게 교육을 받으며 석사 과정을 밟았다. 당시 부시는 세상에서 가장 복잡한 미분 해석기를 설계했다. 미분 해석기는 기계 바퀴들로 미적분을 계산해서 미분방정식의 해를 구하는 아날로그 컴퓨터였다. 전자계산기도 나오지 않은 시절에 미분 해석기는 복잡하고 정밀하며 실용적인 계산 기기였다. 하지만 기계 자체가 잘 만들어져야 했으므로 정확하게 계산하기 힘들었다. 그래서 부시는 섀넌을 미분 해석기를 고치기 위한 연구에 참여시켰다.

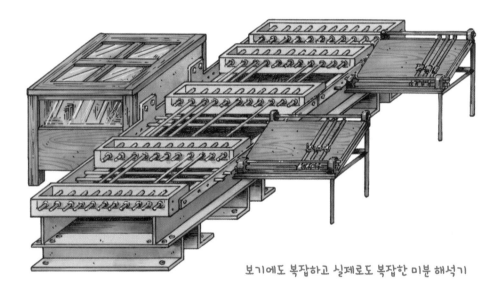

보기에도 복잡하고 실제로도 복잡한 미분 해석기

섀넌은 기계를 깊이 연구해 본 적은 없었지만, 수학적으로 계산하는 방법을 고민했다. 섀넌은 복잡한 계산이 사실은 불 대수의 몇 가지 간단한 논리 조합이라는 사실을 깨달았다. 아울러 0과 1의 논리는 전기를 연결하고 끊는 것으로 만들 수 있었다. 전기를 연결해서 불 대수의 'And, Or, Not'인 세 가지 간단한 로직을 나타내면 다양한 회로를 통제해 복잡한 연산이 가능했다. 사실 섀넌은 불 대수를 수학이 아닌 철학 수업에서 배웠는데, 철학으로 배운지식을 수학에 응용한 셈이 되었다.

예를 들어 2진법의 덧셈 A+B를 해 보자. A와 B는 0일 수도, 1일 수도 있다.

이해를 돕기 위해 일의 자리 숫자 앞에 0을 하나씩 붙여 보자. 즉 0은 00, 1은 01이 된다. 2진법이므로 10은 2를 뜻한다. 이 결과에서 A와 B의 '일의 자리'는 A와 B의 '배타적 논리합'인 A ⊕ B다. '십

$$
\begin{array}{ccc}
 & & \text{십의} \quad \text{일의} \\
A + B & & \text{자리} \quad \text{자리} \\
& & \downarrow \quad\quad \downarrow \\
0 + 0 = & & 0 \quad\quad 0 \\
0 + 1 = & & 0 \quad\quad 1 \\
1 + 0 = & & 0 \quad\quad 1 \\
1 + 1 = & & 1 \quad\quad 0 \\
& & \uparrow \\
& & \text{And 연산}
\end{array}
$$

------ 배타적 논리합

의 자리'는 A와 B가 모두 1이어야만 1이고 다른 경우는 모두 0이다. 따라서 '십의 자리'의 수는 A와 B의 'And' 논리 연산 결과 A∧B다. 전기 스위치를 켜서 간단한 'And' 연산과 '배타적 논리합' 연산을 하면 2진법 덧셈을 할 수 있다. 더 큰 숫자의 2진법 덧셈을 하려면 'And, Or, Not' 연산 회로를 더 만들기만 하면 된다.

이러한 섀넌의 방법은 모든 연산을 간단한 불 대수의 논리 연산으로 바꾸었다.

논문 한 편이 새 시대를 열다.

1937년 가을, 스물한 살 섀넌은 부시의 초청을 받아 워싱턴에서 석사 논문 답변회를 열었다. 사실 미국에서 석사 논문은 크게 중요하지 않기에 답변회를 연 것은 드문 일이었다. 이는 즉 섀넌의 논문이 그만큼 중요했다는 것을 의미하며 이때의 논문은 훗날 20세기 가장 중요한 석사 논문으로 꼽혔다. 새 시대, 즉 디지털 시대를 열었기 때문이다.

섀넌은 매사추세츠 공과대학에서 박사 과정을 마치고 벨 연구소의 과학자가 되었다. 암호를 연구하다가 정보론을 내놓았는데, 정보론은 20세기에 탄생한 새로운 학문이자 오늘날 통신의 기초이기도 하다. 섀넌은 정보론에서 세상의 모든 정보를 0과 1, 간단한 두 숫자로 표현할 수 있다고 말했다.

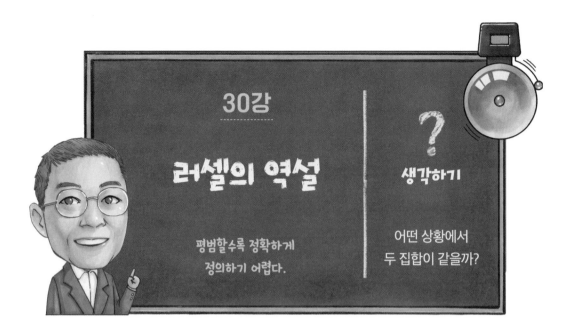

30강

러셀의 역설

평범할수록 정확하게
정의하기 어렵다.

?
생각하기

어떤 상황에서
두 집합이 같을까?

근대 들어서 중요해진 수학으로는 수리논리학, 집합론, 그래프 이론, 현대 대수학 네 가지가 있다. 수리논리학은 과거의 형식논리학과 불 대수를 기반으로 만들어졌다. 수리논리학 외의 다른 수학도 논리학과 뗄 수 없는 관계이다. 그렇다면 논리학이 정확한지 어떻게 확신할까? 사실 논리학과 집합은 서로 종속 관계다. 먼저 논리적 추리 도구인 삼단논법을 떠올려 보자.

사람은 포유류다.
포유류는 생물이다.
따라서 사람은 생물이다.

이 논리가 정확한지 아닌지는 집합 관계로 검증할 수 있다.

일단 사람, 포유류, 생물로 서로를 포함하는 세 집합을 만든다. 사람 집합은 포유류 집합 안에 있고 포유류 집합은 생물 집합 안에 있다. 그러므로 사람 집합은 생물 집합 안에 있다. 사람은 생물이라는 결론에 의심의 여지가 없다.

집합은 논리 관계를 이해하는 데 가장 쓸모 있는 도구다. 그렇다면 집합은 무엇일까? 집합이 무엇인지 정확하게 답하지 못하면 집합 이론은 정립되지 못하고 뒤에 나올 여러 논리 관계들도 설명할 수 없다. 논리 관계가 정확하지 않으면 수학의 기초가 없는 셈이다.

하지만 유감스럽게도 사람들은 집합을 정의하는 게 무척 어렵다는 사실을 깨달았다. 이해는 하지만 분명하게 말할 수 없는 몇몇 개념 중 하나였다. 수천 년 동안 사람들은 다양한 집합 개념을 써 왔다. 예를 들어 정수 집합에는 모든 정수가 포함되고 자동차 집합에는 승용차, 레이싱카, 트럭, 지프 등이 포함된다. 그런데 집합을 정의하려고 했더니 난처해졌다.

그러나 근대에 들어서 집합이 수학에서 많이 쓰이기 시작하자 어떤 식으로든 집합의 정의를 내려야만 했다. 당시 수학자들이 인정한 일반적인 정의는 '특정한 성질을 가진 원소들의 모임'이었다. 예를 들어 '모든 정수의 모임', '중학교 5학년 3반 남학생의 모임' 등이다. 여기서 정수, 남학생 같은 대상을 원소라고 한다.

이는 이해하기 쉬운 설명이라 오해가 생기지 않았으므로 오랫동안 사용되었다. 하지만 이 정의는 엄격하지 않다. 19세기 수학자 칸토어는 엄격하지 않은 정의를 기반으로 '소박한 집합론'을 내놓았다. 칸토어는 소박한 집합론에서 집합의 기본을 정의했다. 예를 들어 어떤 상황에서 두 집합이 같은지, 두 집합을 합친 뒤 새 집합은 어떤 모습인지, 어떤 조건에서 한 집합이 다른 집합을 포함하는지 등이다. 오늘날 중고등학교에서 배우는 집합이 다 소박한 집합론이다. 한 집합이 다른 집합의 원소가 되는 경우를 짚고 넘어가겠다. 예를 들어 학교 반들의 집합을 보자. 이 집합은 모든 반을 포함하며, 각각의 반도 하나의 집합으로 모든 학생을 포함한다.

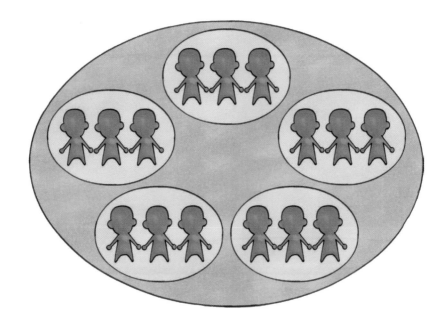

하지만 소박한 집합론은 역설이 많이 생길 수 있다는 문제가 있는데, 그중 가장 유명한 것은 '러셀의 역설'이다.

러셀과 제3차 수학 위기

러셀은 20세기 초 영국의 철학자이자 논리학자로 케임브리지대학의 트리니티 칼리지에서 철학을 가르쳤다. 그는 언어, 논리, 철학과 수학의 관계를 열심히 연구했다. 수학은 논리와 사실상 같으며 철학도 논리처럼 형식적으로 설명할 수 있다고 생각했다.

러셀의 업적 중에서 가장 유명한 것은 러셀의 역설이다. 러셀의 역설은 '소박한 집합론'의 기초를 흔들어 3차 수학 위기를 가져왔다. 러셀의 역설을 소개하기 전에 조금 더 쉬운 '이

발사의 역설'부터 소개하겠다.

어느 마을에 이발사가 있었다. 이발사는 '스스로 이발하지 않는 사람'의 머리만 깎는다고 했다. 여기서 문제가 생긴다. 이발사는 자기 머리를 스스로 깎을 수 있을까?

이발사가 자기 머리를 깎는다면 '스스로 이발하지 않는 사람'의 머리만

러셀에게는 의외의 면이 많다. 러셀은 철학자 겸 수학자이며 역사가, 사회 비평가이다. 1950년에는 《서양철학사》로 노벨 문학상을 받았다. 노년에는 연구를 거의 하지 않고 아인슈타인과 함께 러셀·아인슈타인 선언을 발표하는 등, 인류 평화 사업에 힘썼다. 러셀은 알면 알수록 놀라운 점이 많은 사람이다.

깎는다는 말은 거짓이 된다. 따라서 그는 자기 머리를 깎을 수 없다. 그렇다면 이발사는 '스스로 이발하지 않는 사람'이 되므로 모순이 된다. 이것이 이발사의 역설이다.

제 발등을 제가 찍는군.

이발사의 역설은 러셀 역설의 한 예이다. 러셀의 친구이자 독일의 논리학 대가인 고트로프 프레게가 러셀에게 편지를 썼다고 한다. 자기 자신을 원소로 포함하지 않는 집합을 만든다는 내용이었다. 편지를 받은 러셀은 오래 고민했고 이것을 역설이라고 생각했다. 왜 이게 역설일까?

집합 A가 있다. A는 자신을 원소로 포함하지 않는 집합들로 구성되어 있다. 만약 A가 자신을 포함하지 않는다면 조건에 부합하므로 A 자체가 집합 A의 한 원소다. 그렇다면 A는 자신을 포함한다. 만약 A가 자신을 포함하면 자신도 A의 한 원소다. 하지만 이렇게 되면 A는 '자신을 원소로 포함하지 않는 집합으로 구성되어 있다.'라는 정의에 어긋난다. 어떻게 말하든 자기모순에 빠진 것이다.

러셀과 프레게는 편지로 학문을 교류했기 때문에 이 이야기가 사실인지는 지금 확인할 수 없다. 러셀이 이 역설로 프레게의 책에 오류가 있음을 꼬집었다고 해서, 프레게가 정말 존재할 수 없는 집합을 만들려고 했다고 확신할 수는 없다. 또한 러셀의 역설은 일부러 만들어진 것이므로 현실에서는 있을 수 없다. 그런데 왜 수학 위기를 가져왔을까?

앞서 말했다시피 수학은 공리 위에 만들어진다. 19세기 말과 20세기 초에 수학자들은

대수, 기하학, 미적분 등 다양한 분야를 공리에 기반하여 다시 만들려고 했다. 아울러 이런 논리 수학을 일종의 공리 체계로 바꾸려고 노력했다. 그중 1970년대 칸토어의 소박한 집합론은 공리를 기반으로 한 수학의 기반이 되었다. 그렇기에 만약 집합의 성의 사체기 역설을 만든다면 수학의 기반이 흔들릴 수 있었다. 이에 수학자들은 위기를 느꼈다.

프레게는 러셀의 역설을 보고 난 뒤의 심경을 이렇게 표현했다. "과학자로서 그렇게 난감한 순간이 없었다. 연구가 끝나 갈 때쯤 기반이 무너진 것이다. 인쇄만 남겨 둔 시점에 받은 러셀의 편지 한 통이 나를 몰아붙였다."

러셀의 역설 말고도 소박한 집합론에 관한 역설은 많았다. 결론만 말하면 소박한 집합론은 엄밀하지 않았다.

위기가 해결되다

하지만 위기 속엔 기회가 있기 마련이다. 위기가 왔다는 것은 우리의 이해에 문제가 있고 다시 생각해야 함을 의미한다.

1908년에는 독일 수학자 에른스트 체르멜로가 공리적 집합론을 내놓았다. 그리고 1919년에는 독일 수학자 프랭켈이 체르멜로의 집합론을 고쳐서 체르멜로-프랭켈 집합론(ZF 공리계라고도 함)을 내놓았다. ZF 집합론은 공리에 기반하여 집합의 존재 조건을 철저하게 규정했고 러셀 역설에서 말한 집합을 제외했다. 간단하게 말하면 ZF 집합론에서 집합의 경계는 매우 분명하다. 한 원소는 어떤 집합에 속하거나 속하지 않으며, 역설이 나올 수 없다. 거의 동시에 존 폰 노이만과 버네이스, 쿠르트 괴델도 다른 방식으로 공리적 집합론을 철저히 정리했다. 훗날 이 두 정의가 같다는 것이 증명되었고, 러셀의 역설로 생긴 수학의 3차 위기도 이렇게 지나갔다.

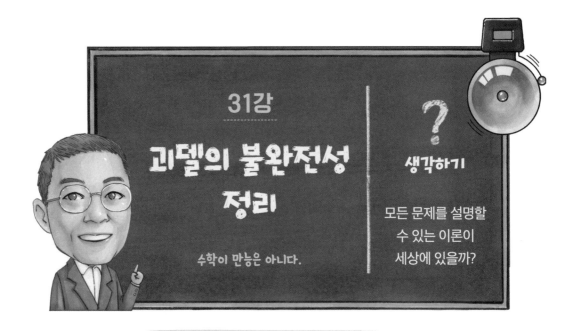

괴델의 불완전성 정리

수학이 만능은 아니다.

모든 문제를 설명할 수 있는 이론이 세상에 있을까?

힐베르트의 위대한 계획

1920년, 독일 수학자 힐베르트는 위대한 계획을 내놓았다. 탄탄한 공리 체계 안에 수학을 넣는 것이 목표였다. 쉽게 말해서 체계 하나로 세상의 모든 수학 문제를 한 번에 해결하겠다는 뜻이다. 힐베르트가 생각한 공리 체계의 특징은 아래와 같다.

완벽해.

1. 완벽성

정확한(결과가 참인) 명제들은 다 증명할 수 있다. 예를 들어 결론이 정확한 기하학 문제는 증명할 방법이 반드시 있다.

2. 일치성

논리를 쓰면 자기모순이 되는 결론이 나올 수 없다. 예를 들어 유클리드의 기하학 기본 공준에서 5번 공준을 없애면 직선 밖의 한 점을 지나는 평행선이 1개 있거나 2개 있을 수도 있으며 아예 없을 수도 있다. 이것은 자기모순이다. 따라서 5번 공준은 꼭 있어야 한다.

3. 확정성(결정 가능성이라고도 함)

수학 명제는 정해진 범위 안에서 옳고 그름을 판단할 수 있어야 한다. 수학에서 모든 결론이 다 맞는 것은 아니지만, 옳고 그름을 판단할 방법이 있으면 좋다. 예를 들어 '$\sqrt{2}$는 유리수이다'를 틀렸다고 판단하기는 쉽다. 하지만 옳고 그름을 분명하게 판단할 수 없는 명제도 있다. 예를 들어 '2보다 큰 모든 짝수는 두 소수의 합으로 나타낼 수 있다'라는 골드바흐의 추측이 맞는지 틀린지는 모른다. 골드바흐의 추측에 맞는 숫자들을 꽤 많이 검증하긴 했지만, 지금까지도 참과 거짓을 판단하지 못했다.

생각이랑
많이 다르군.

당시 존 폰 노이만, 쿠르트 괴델 등의 수학자들이 힐베르트의 위대한 계획에 참여했다. 하지만 힐베르트가 은퇴한 1년 뒤인 1931년, 원래는 완벽한 공리 체계를 만들고자 했던 괴델이 정리 2개를 내놓으면서, 공리 체계가 약간만 복잡해도 완벽하고 일치할 수 없음을 증명했다. 힐베르트에게 사형을 선고한 것과 마찬가지였다.

괴델의 판결

괴델은 단순한 공리 체계에서 출발해 문제를 발견했다. 이 공리 체계를 페아노 공리계라고 한다.

페아노는 19세기 후기에서 20세기 초의 이탈리아 수학자이다. 5개 공리로 자연수와 산술의 공리체계를 만들었다. 초급 대수의 지식은 다 페아노 공리계에 포함된다.

페아노 공리계는 다음과 같이 만들어졌다.

공리 1

1은 자연수다.

공리 2

자연수 n 뒤에 자연수 n'가 있다. 예를 들어 1 뒤의 자연수는 2, 2 뒤의 자연수는 3이다.

공리 3

두 자연수 a와 b가 자연수 n 뒤의 자연수라면 $a = b$이다.

공리 4

1은 어떤 자연수 뒤의 수가 아니다. 즉 1 앞에는 자연수가 없다.

페아노의 1~4번 공리는 이해하기 쉽다. 간단하게 말하면 자연수를 하나씩 만들어 두 수가 같다는 게 무슨 뜻인지 설명한다. 5번은 조금 어렵지만 쉽게 설명하면 다음과 같다.

공리 5

자연수 관련 명제(즉 결론)가 있다. 자연수 1에 대해 참이고 자연수 n에 대해 참일 때 n'(즉 $n+1$)이 참임을 증명할 수 있다면 이 명제는 모든 자연수에 대해 참이다.

예를 들어 등차급수 해를 구하는 공식을 보자.

$$S_k = 1 + 2 + 3 + \cdots + k = \frac{k(k+1)}{2}$$

위 공식이 정확한지 어떻게 증명할까? 페아노의 5번 공리에 따라 $n = 1$부터 검증하면 정확하다. 그리고 다시 $k = n$일 때 성립되는지 보고 $n + 1$이 성립하는지 확인하면 된다.

실제로 1, n, $n + 1$을 차례대로 대입하면 위 공식은 정확하다. 이 공리는 수학적 귀납법이 정확하다는 점을 보증하므로 귀납 공리라고도 불린다.

정리하자면, 페아노의 5개 공리가 있으면 자연수를 다 만들 수 있다. 이를 기반으로 덧셈과 곱셈, 모든 유리수와 초등 수학의 다양한 연산을 만들 수 있다.

간단한 공리 체계는 완벽하게 느껴진다. 초등 수학의 정확한 결론들은 다 증명될 수 있다. 초등 수학 정도의 결론을 증명하지 못 하는 것은 능력 문제이지 체계 문제가 아니다. 초등 수학에서는 자기모순이 되는 2개의 답이 없으므로 일치성이라는 특성에도 맞다.

하지만 괴델은 정확하지만 증명할 수 없는 공리 체계가 있다며 반례를 내밀었다. 다시 말해 매우 익숙한 공리 체계도 사실은 완벽하지 않다는 것이다. 그렇다면 완벽하게 고칠 수는 있을까? 절대 못 하는 것은 아니다. 하지만 자연수 공리 체계를 고쳐서 완벽하게 만들었는데, 결과가 일치하지 않을 수도 있다. 즉 같은 전제에서 출발했는데 모순되는 결론이 나올 수도 있다.

어떤 공리 체계가 완벽하다고 해서 일치하는 결론을 만들 수는 없다는 것을 괴델의 불완전성 정리라고 한다. 이 결론은 완벽한 수학 체계를 만들겠다는 힐베르트의 꿈을 산산조각 냈다. 물론 유클리드 기하학처럼 완벽성과 일치성을 다 만족하는 공리 체계도 있지만 말이다.

수학이 만능은 아니다

괴델 이후의 수학자들은 수학이 다 확실한 것은 아님을 증명해 냈다. 즉 수학적 방법으로 옳고 그름을 판단할 수 없는 결론이 많다는 것이다.

괴델의 불완전성 정리는 수학뿐 아니라 논리학에 혁명을 가져왔으며, 철학, 언어학, 컴퓨터 과학, 자연 과학 등 여러 분야에서 많은 것을 다시 생각하게 했다. 예를 들어 튜링은 "컴퓨터로 계산할 수 있는 문제는 수학 문제의 일부분에 지나지 않는다."라고 말했다. 즉 인간은 답을 찾을 수 있지만 컴퓨터는 답을 못 찾는 문제가 많다는 뜻이다.

페아노

절대 할 수 없다고 선포하노라.

한계가 있는 것 같습니다.

　　괴델의 결론이 나오자 사람들은 실망했지만, 수학이 만능은 아니며 어떤 지식 분야에서 통일된 이론을 만드는 것은 불가능하다는 사실을 깨달았다. 2002년 8월 17일, 우주학자 호킹은 베이징에서 개최된 국제초끈이론회의에서 '괴델과 M이론' 을 발표했다. 호킹은 우주를 설명하는 하나의 통일된 이론을 만드는 것은 불가능 에 가깝다고 말했다. 호킹의 추측도 괴델의 불완전성 정리를 기반으로 한다. 지금 도 일부 과학자들이 통일된 이론을 만드는 데 열을 올리지만, 호킹의 말처럼 불가 능할 것 같다.

통일은 힘들 것 같아요.

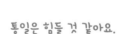

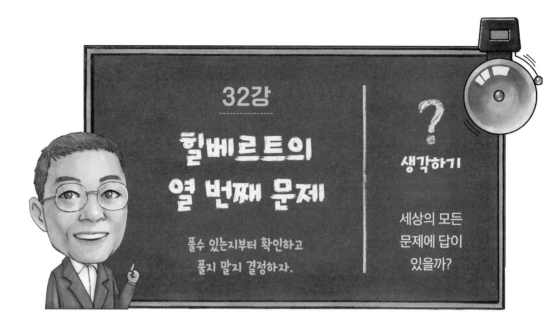

32강

힐베르트의
열 번째 문제

생각하기

풀 수 있는지부터 확인하고
풀지 말지 결정하자.

세상의 모든
문제에 답이
있을까?

1900년 파리에서 열린 제2회 세계 수학자대회에서 힐베르트는 그 유명한 23개의 수학 문제를 내놓았다. 당시에는 풀 수 없는 문제들이었는데 수학 기초, 수론, 대수, 기하, 미적분 등을 아울렀다. 오늘에는 세계의 수학자들이 함께 노력하여 깔끔하게 다 풀린 것도 있고 부분적으로만 풀린 문제도 있다. 힐베르트 문제는 수학의 경계에 대한 이해가 담겨 있다. 간단해 보이지만 수학의 경계를 느낄 수 있는 그 문제를 살펴보려고 한다.

간단해 보이는 열 번째 문제

부정방정식(다항식)이 정수해를 갖는지 판단할 수 있는가?

부정방정식(디오판토스 방정식이라고도 함)이란 2개 혹은 2개 이상의 미지수를 가진 방정식으로, 해가 무한대로 많을 수 있다. 다음과 같은 예들이 부정방정식이다.

그렇다면 힐베르트의 열 번째 문제는 왜 중요하며 어떤 의미가 있을까?

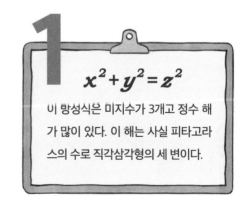

1

$$x^2 + y^2 = z^2$$

이 방정식은 미지수가 3개고 정수 해가 많이 있다. 이 해는 사실 피타고라스의 수로 직각삼각형의 세 변이다.

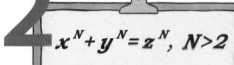

2

$$x^N + y^N = z^N, \ N > 2$$

이 방정식은 정수해가 없다.
이것이 유명한 페르미의 정리이며
헤기 없다.

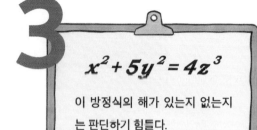

3

$$x^2 + 5y^2 = 4z^3$$

이 방정식의 해가 있는지 없는지
는 판단하기 힘들다.

문제 풀이에 시간을 들이기 전에 먼저 해가 있는지 알아야 한다. 해가 없는 문제에 시간을 낭비할 필요가 없기 때문이다. 힐베르트 시대의 사람들은 해가 없는 수학 문제가 많다는 사실을 알고 있었다. 예를 들어 $\frac{1}{\ln x}$ 의 적분은 계산할 수 없다. 따라서 힐베르트는 어떤 수학 문제의 해가 있는지 없는지를 알아낼 방법에 관심을 기울였다. 해가 없다고 판단하는 것도 결론이므로 최소한 시간을 낭비하지 않는다.

부정방정식은 어렵지 않아 보였고 힐베르트는 어떤 부정방정식이 주어졌을 때 해의 존재 여부를 판단할 수 있는지 연구해도 좋다고 생각했다. 해가 있는지 없는지도 모르면 수학 자체를 판단할 수 없으므로 그가 꿈꿨던 수학 체계도 만들 수 없었다. 200kg을 들 수 있을지 판단하려면 100kg부터 들어 봐야 한다. 100kg조차 들지 못한다면 200kg은 어림도 없다. 힐베르트의 열 번째 문제가 100kg짜리인 셈이다.

이것이 수학의 무게인가?

힐베르트의 문제, 특히 열 번째 문제는 튜링 등 컴퓨터 과학자에게 힌트를 주었다. 컴퓨터를 써서 단계별로 계산 문제를 풀 때, 해가 있는지 없는지 모를 때가 있다. 이런 문제는 컴퓨터가 아무리 빠르고 똑똑해도 절대 풀지 못한다. 1930년대 박사생이었던 튜링은 계산 관련 이론을 고민하고 있었다. 이때 튜링에게 영감을 준 사람은 존 폰 노이만과 힐베르트였다. 튜링은 존 폰 노이만의 책을 읽고 의식이 양자역학의 불확정성과 관계있다는 점을 알았지만, 계산은 일종의 기계적 활동이었다. 튜링은 힐베르트를 통해 수학에는 경계가 있다는 사실을 깨달았다. 모든 문제가 계산이나 체계적 추리로 풀리는 것은 아니었다. 튜링의 생각은 아래 그림으로 나타낼 수 있다.

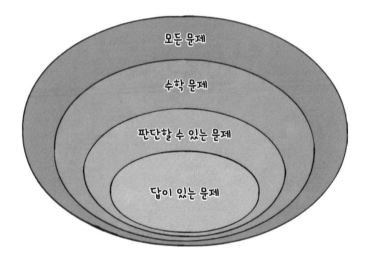

그림에서 보다시피 수학 문제는 일부에 지나지 않는다. 모든 문제의 집합을 수학 문제의 집합보다 약간만 크게 그리긴 했지만, 사실 모든 문제는 수학 문제보다 훨씬 많다.

또한 수학 문제에서 답이 있는지 판단할 수 있는 문제는 극히 일부에 지나지 않는다. 힐베르트는 모든 수학 문제를 판단할 수 있기를 바랐지만, 이 결론이 성립하는지 확신할 수 없었다. 그가 내놓은 열 번째 문제의 결론이 틀렸다면 판단할 수 없는 수학 문제가 있다는 뜻이다.

판단할 수 있는 문제의 결론은 2개다. 답이 있거나 없는 경우이다. 답이 있을 때만 답을 찾을 수 있다. 그러므로 답이 있는 수학 문제는 판단할 수 있는 문제에 속한다.

튜링은 열 번째 문제를 풀지 못했다. 그저 대부분이 수학 문제에 답이 없을 것이라고 어렴풋이 생각했을 뿐이다. 그래서 답이 있는 문제에 집중했다. 1936년 튜링은 추상적 컴퓨터의 수학 모델을 내놓았다. 흔히 말하는 '튜링 머신'이다. 이론적으로 튜링 머신 같은 수학 모델은 많은 수학 문제를 풀 수 있

> 튜링 머신은 추상적 계산 모델로 실제 있는 기계가 아니다. 영국 수학자 튜링은 1936년 튜링 머신이라는 개념을 내놓았다. 인간이 종이에 연필로 수학을 계산하는 과정을 추상화하여 허구의 기계가 인간 대신 수학 연산을 하는 것이다.

다. 논리와 수학 연산으로 풀 수 있는 문제는 튜링 머신을 써도 풀린다. 아무리 복잡한 컴퓨터도 어쨌든 튜링 머신 모델에 속한다. 또한, 아직 현실에 없는 가상의 컴퓨터도 튜링 머신의 범위에서 벗어나지 않을 것이다. 그래서 컴퓨터 과학에서는 튜링 머신으로 계산되면 계산할 수 있는 문제로 본다.

계산할 수 있는 문제는 답이 있는 문제의 일부일 뿐이다. 이론적으로 계산할 수 있다고 다 풀리는 것은 아니다. 어떤 문제를 튜링 머신으로 풀 수 있으면 계산할 수 있다고 판단하지만, 계산 단계가 매우 많고 시간이 오래 걸릴 수도 있기 때문이다. 심지어 우주가 멸망할 때까지 계산이 안 끝날 수도 있다. 즉 현재 컴퓨터 수준으로는 계산을 끝낼 수 없지만, 미래에는 가능할 수도 있다. 그렇다면 어쨌든 답이 있는 것이므로 튜링이 말한 계산할 수 있는 문제에 속한다. 이상 속 튜링 머신은 저장 용량이 무제한이지만 현실적으로는 불가능하다.

해결할 수 있는 문제 중 극히 일부분만 '인공지능' 문제에 해당한다. 따라서 인공지능이 해결할 수 있는 문제는 답이 있는 문제 중에서도 일부분일 뿐이다. 답이 있는 문제와 인공지능이 해결할 수 있는 문제 등을 서로 포함하는 집합으로 나타내

면 다음 그림과 같다.

판단할 수 있는 문제의 집합과 수학 문제의 집합이 같은지는 확신할 수 없다. 2차 세계대전 전에는 이 문제에 관심을 기울인 수학자가 많지 않았다. 2차 세계대전 이후에야 컴퓨터 과학을 발전시켜야 하는 이유로 인해 진전이 있었다. 1960년대에 이 문제를 해결할 것이라 꼽힌 사람은 미국 수학자 줄리아 로빈슨이었다. 로빈슨 교수는 20세기의 가장 유명한 여성 수학자로 세계 수학자대회 의장을 맡기도 했다. 이 문제와 관련해서도 성과를 많이 이루었지만, 마지막 몇 걸음을 내딛지 못했다.

인류가 받은 충격

이윽고 1970년, 소련의 천재 수학자 유리 마티야세비치는 대학 졸업 후 2년째에 힐베르트의 열 번째 문제를 해결했다. 따라서 열 번째 문제의 결론을 마티야세비치의 정리라고 한다. 마티야세비치는 극소수의 특별한 예를 제외하고는 부정방정식의 정수해가 있는지 판단할 수 없다는 사실을 엄밀하게 증명해 냈다.

힐베르트의 열 번째 문제가 해결됨으로써 인류가 받은 충격은 대단했다. 많은 문제에 대해 해가 있는지 없는지를 판단할 수 없다고 선포했기 때문이다. 해가 있는지 없는지도 모르는데 계산으로 풀 수 있을 리가 없다. 중요한 점은 해의 존재 여부를 판단할 수 없는 문제가 답이 있는 문제보다 많다는 사실이다. 이 사실을 기반으로 앞의 두 그림을 연결하면 인공지능이 풀 수 있는 문제가 정말 지극히 일부일 뿐임을 알 수 있다.

힐베르트의 열 번째 문제의 답이 부정적이어서 아쉬울지도 모르겠다. 컴퓨터로 해결할 수 있

열 번째 문제

는 문제의 범위가 한정되었기 때문이다. 하지만 열 번째 문제가 풀리면서 컴퓨터 능력의 경계가 어디인지 분명히 깨달았다. 이제는 경계 밖의 답이 없을지도 모르는 문제에 힘을 쏟지 않고 경계 안의 문제에 집중할 수 있게 되었다.

아직 인공지능도 해결할 수 없는 문제가 많다. 그러니 사용자든 만드는 사람이든 인공지능이 너무 강하면 어쩌나 하는 쓸데없는 걱정은 접어두고, 이러한 문제들을 풀 방법을 연구해야 한다. 우리는 어떻게 하면 인공지능을 잘 활용해서 인간의 문제를 더 효율적으로 해결하는가에 관심을 기울여야 한다.

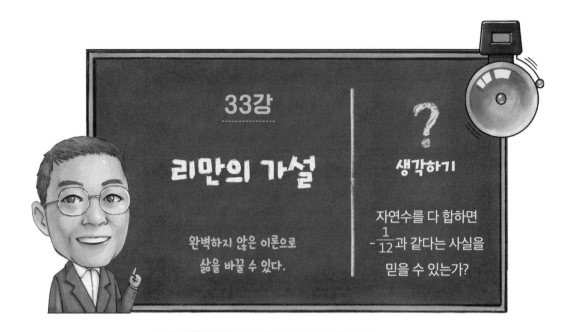

33강

리만의 가설

완벽하지 않은 이론으로
삶을 바꿀 수 있다.

생각하기

자연수를 다 합하면
$-\frac{1}{12}$ 과 같다는 사실을
믿을 수 있는가?

마이클 아티야의 망신

2018년 수학계에 망신스러운 사건이 벌어졌다. 영국 수학자이자 필즈상 수상자였던 마이클 아티야가 리만 가설을 증명했다고 발표한 것이다. 소식이 전해지자 수학계는 흥분과 호기심으로 시끄러웠다. 마침 세계 수학자대회 기간이었으므로 발표하는 자리가 마련되었다. 하지만 발표가 끝난 뒤의 사실은 리만 가설은 증명되지 않았다는 사실뿐이었다. 마이클 아티야는 이미 다들 아는 결론만 말했을 뿐이었다. 40분 동안 이어진 발표에서 리만 가설을 증명하는 내용은 달랑 PPT 한 장, 3분 분량이 고작이었다.

발표가 끝나자 박수가 나왔지만, 사람들은 침묵을 지켰고 아무도 질문하지 않았다. 마이클 아티야가 질문하라고 해도 입을 여는 사람은 없었다. 인공지능 쪽을 연구하는 인도 청년이 바보 같으면서도 날카로운 질문을 던졌을 뿐이다.

"리만 가설이 증명된 셈입니까?"

사실 다들 답을 알고 있었다. 다만 연세가 지긋한 아티야의 명망 때문에 잠자코 있었을 뿐이었다.

마이클 아티야는 분명히 답하지 않고 되물었다.
"그럼 아닌가요?"

'리만 가설'이 파연 무엇이길래 리만 가설의 증명에 관심이 집중되고 수학을 모르는 사람조차 흥미를 보였을까? 리만 가설은 대(大)소수를 찾는 것과 관련이 있어 중요하다. 대소수를 찾는 것은 암호와 관련이 있다. 따라서 오늘날의 정보 보안과 긴밀히 연결된다.

오일러의 마술

리만 가설은 당연히 리만이 내놓았다. 리만은 19세기의 독일 수학자로, 비유클리드, 즉 리만 기하학의 기초를 닦았다. 아인슈타인의 일반 상대성 이론도 리만 기하학을 바탕으로 만들어졌다. 하지만 리만이 가장 크게 이바지한 분야는 미적분이다. 특히 미적분의 공리화에 이바지했다.

리만 가설은 그가 베를린 학술원의 학술위원으로 선출되면서 감사의 의미로 쓴 논문에서 나왔다. 리만은 논문으로 자신이 발견한 규칙을 소개했다. 하지만 증명하지는 못했으므로 정리가 아닌 가설이라고 부를 수밖에 없었던 것이다. 그 뒤 여러 수학자가 리만 가설을 증명하려고 노력했다.

리만 가설은 골드바흐 추측, 21세기에 증명된 푸앵카레 추측과 더불어 3대 추측으로 불린다. 힐베르트의 23개 문제 중의 여덟 번째 문제이자 7개 밀레니엄 문제 중 하나이기도 하다. 리만 가설을 증명하면 상금으로 100만 달러를 받을 수 있다.

리만 가설로 들어가기 전에 조화급수와 오일러의 마술부터 말하려고 한다. 조화급수란 다음과 같다.

$$Z = 1 + \frac{1}{2} + \frac{1}{3} + \cdots + \frac{1}{N} \cdots$$

이대로 한없이 더해 나가면 Z는 얼마일까? 이 문제는 매우 오래된 문제로 14세기까지도 답을 몰랐다. 답은 무한대일까? 아니면 특정한 수일까? 훗날 $Z = 1 + \frac{1}{2} + \frac{1}{3} + \cdots + \frac{1}{N} \cdots \approx InN$임을 깨달았다. 그러므로 계속 더해 나가면 Z는 결국 무한대가 된다.

훗날 오일러는 조화급수 문제를 다음처럼 자연수 제곱의 역수를 더하는 것으로 살짝 바꿨다. (2)는 급수의 각 항을 제곱했음을 나타낸다.

$$Z(2) = 1 + \frac{1}{2^2} + \frac{1}{3^2} + \cdots + \frac{1}{N^2} \cdots$$

오일러는 $Z(2)$가 유한한 수로 $\frac{\pi}{6}$와 같다고 했다.
그리고 위 급수를 더 확대해서 다음처럼 바꿨다. (S)는 각 항을 s제곱함을 나타낸다.

$$Z(S) = 1 + \frac{1}{2^s} + \frac{1}{3^s} + \cdots + \frac{1}{N^s} \cdots$$

이 공식은 즉 자연수 s제곱의 역수를 합한 것이다. 여기서 s는 임의의 수다. 이 급수를 Zeta 함수라고 하는데, Zeta는 그리스 문자 ζ의 영어 발음이다. 그렇다면 이 급수의 합은 유한할까? 오일러는 s가 1보다 크면 수렴하기 때문에 유한한 답이 있다는 사실을 발견했다. 반대로 s가 1보다 작으면 급수의 합은 발산하므로 무한대가 된다.

대수학자 오일러는 이 단계에서 더 나아갔다. 그는 s가 계속 작아져서 음수가 되면 어떻게 될지 생각했다. 사실 현실에서는 별로 흥미롭지 않은 문제이다. 계속 더하면 결국 무한대이기 때문이다. 예를 들어 $s = -1$이면 $1+2+3+4\cdots$, 즉 자연수의 합이 된다. 식으로 쓰면 다음과 같다.

$$Z(-1) = 1+2+3+4\cdots$$

현실에서 $1+2+3+4\cdots$는 별 의미 없는 문제이다. 하지만 오일러는 대담한 가설을 세웠다. 수렴급수의 합을 구하는 방법으로 계산해서 황당한 결론에 이르렀다.

$$Z(-1) = 1+2+3+4\cdots = -\frac{1}{12}$$

무수히 많은 자연수를 더했는데 마법을 부린 것처럼 음수가 나와 버렸다. 이런 결론이 어떻게 나왔는지는 몰라도 된다. 어쨌든 합리적인 듯 보이는 단계를 거쳐 나온 결론이었다.

황당한 결론이 나온 데는 반드시 이유가 있다. 사실 수렴급수의 합을 구하는 방법으로 수렴하지 않는 급수를 계산한 것이 문제였다. 오일러는 또다른 틀린 방법으로 다른 황당한 결론을 얻었다. 모든 자연수 제곱의 합은 0이라는 결론이었다.

$$Z(-2) = 1^2 + 2^2 + 3^2 + \cdots = 1 + 4 + 9 + 16 + \cdots = 0$$

오일러는 왜 이런 당황스러운 결론을 얻었을까? 앞에서처럼 급수가 발산하는데 수렴할 때의 계산법을 쓰면 이런 결론에 이른다.

오일러는 다시 Zeta 함수 Z의 정의역을 실수에서 복소수로 넓혔다. 다시 말해 s가 -1, -2일 수도 있고 허수 i일 수도 있고, $\frac{1}{2} + 2i$ 처럼 복소수일 수도 있다는 것이다. 사람들은 궁금했다. Zeta 함수 $Z(S)$는 어떤 조건에서 0과 같을까? 방정식 $Z(S) = 0$의 해를 묻는 문제를 바로 리만 방정식이라고 부른다. 사람들은 s가 -2, -4, -6 등 음의 짝수일 때 Zeta 함수 값이 0이라는 사실을 알아냈다. 또한 $Z(S) = 0$이 되는 복소수들도 있다. 수학자들은 리만 방정식의 음의 짝수는 '자명한 해', 복소수인 해는 '자명하지 않은 해'라고 부른다.

리만이 앞의 논문에서 말한 규칙이 바로 방정식 $Z(S) = 0$은 '자명하지 않은 해'가 있고, 그 해가 복소평면 위의 한 직선에 모여 있다는 것이다.

풀리지 않은 리만 가설

훗날 사람들은 리만의 가르침대로 자명하지 않은 해를 많이 찾았다. 모두 $\frac{1}{2} + yi$와 같은 꼴이었다. i는 -1의 제곱근, y는 특정 숫자를 나타낸다. Zeta 함수 방정식의 해는 소수의 분포와 관련성이 높아서, 리만 이후 자명하지 않은 해를 15억 개나 찾았다. 그중 가장 큰 해는 수치가 어마어마하다.

컴퓨터로 쉬지 않고 계산하면 자명하지 않은 해를 또 찾을 수 있다. 이 해는 리만 가설에 일치한다. 우리의 능력이 닿는 범위 안에서 지금까지 찾은 모든 해가 예외 없이 리만 가설에 일치한다고 말할 수 있다.

여기서 의문이 생긴다. 리만 가설에 어긋나는 해를 찾지 못했고 엄청나게 큰 범위를 테스트했다면 리만 가설이 성립한다고 생각해도 되지 않을까? 수학적으로 정확한지 고민할 필요도 없이 말이다.

사실 절대적으로 정확한 답은 없다. 공학과 응용과학에서는 실제로 증명되지 않은 추측을 쓸 때도 있다. 예를 들어 공학 관점에서는 암호 시스템이 안전하다고 믿는다. 하지만 과학 관점에서 보면 암호가 깨지는 것은 시간문제일 뿐이다.

유명한 '양-밀스 이론'도 리만 가설처럼 7개 밀레니엄 문제 중 하나다. '양'은 중국 물리학자 양전닝楊振寧을 말하며 '밀스'는 양전닝의 제자를 지칭한다. 양-밀스 이론은 현대 물리학 이론으로, 다양한 실험을 통해 증명되었다. 양-밀스 이론으로 노벨상을 받은 물리학자들도 있다. 하지만 지금까지 수학적으로 엄밀하게 증명한 사람은 없다. 다시 말해 인간이 아는 범위 안에서 맞음이 증명되었다고 해도, 수학의 증명과는 별개라는 것이다.

리만 가설은 지금까지도 풀리지 않았다. 현재 우리의 수학 도구가 부족해서일지도 모른다. 하지만 인간의 지혜로 결국 풀리리라고 믿는다. 만약 미래에 리만 가설이 틀렸다고 증명되면 어떻게 해야 할까? 다른 암호화 방법을 찾아야만 할까?

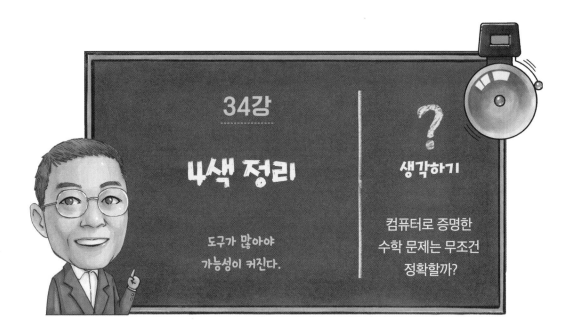

4색 정리

도구가 많아야
가능성이 커진다.

생각하기

컴퓨터로 증명한
수학 문제는 무조건
정확할까?

알록달록한 지도를 본 적이 있을 것이다. 자세히 보면 서로 이웃한 구역의 색이 다르다. 이웃한 부분의 색이 달라야만 각 지역을 찾기 쉽다. 그렇다면 지도를 그릴 때는 몇 가지 색이 필요할까? 엄청 많은 색이 필요해 보이지만 제목에서 보다시피 네 가지 색이면 충분하다. 다음 지도처럼 경계가 아무리 복잡해도 네 가지 색으로 충분하다.

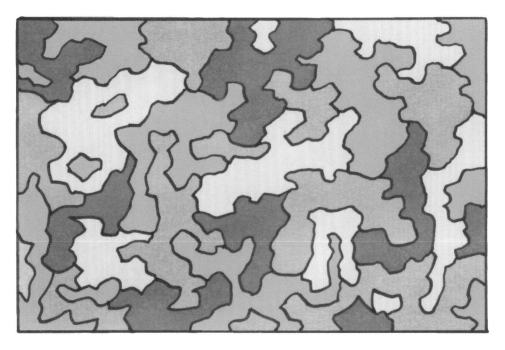

색이 네 가지 필요하다는 사실은 색칠하다 보니 얻은 결론이다. 수학에서 '4색 지도 문제(훗날 4색 정리라고 부름)'가 증명된 것은 그리 오래되지 않았다. 1976년에야 컴퓨터의 도움을 받아 4색 지도 문제를 풀었다. 당시 어렸던 난 컴퓨터가 매우 낯설었지만, 아버지께 소식을 전해 듣고 머릿속을 떠나지 않는 생각이 있었다. '컴퓨터는 진짜 똑똑하다. 인간을 벌써 뛰어넘었을지도 몰라.'

그래픽 이론과 4색 지도 문제

4색 지도 문제는 오래전에 등장했다. 수학자 프랜시스 거스리가 1852년에 맨 처음 꺼냈으며, 증명되기 전까지 '4색 추측'이라고 불렸다. 4색 추측은 수학자들의 관심을 끌었다. 4색 추측을 증명하려면 그래픽 이론이 필요하다. 다음 그림으로 그래픽 이론과 4색 추측이 어떤 관계인지 살펴보자.

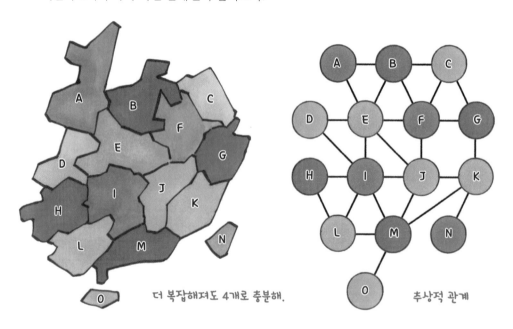

더 복잡해져도 4개로 충분해.   추상적 관계

'수학 왕국' 지도를 찾았다고 가정하자. 모든 도시를 점(정확히는 node라고 하는데 여기서는 점이라고 표현)으로 바꾸고 이웃하는 도시를 선으로 이으면 오른쪽 그림처럼 된다. 오른쪽 그림은 그래픽 이론에서 가장 기본적인 형태이다. 점, 점들을 잇는 선으로 구성된다. 선끼리는 교차하면 안 된다. 예를 들어 'F'에서 'I'로 선을 그릴 수는 없다. 'E'에서 'J'로 가는 선과 교차하기 때문이다. 사실 평면 지도를 그래픽 이론의 그래프로 바꾸면 교차하는 선이 생기지 않는다(3D 공간에서 지도를 그리면 교차하는 선이 생기기도 하는데, 이 경우는 설명하지 않고 넘어가겠다).

점과 선으로 이루어진 그림에서 보다시피 한 선으로 이어지는 두 점은 같은 색을 쓸 수 없다. 이렇게 하면 그림처럼 네 가지 색만 있으면 된다.

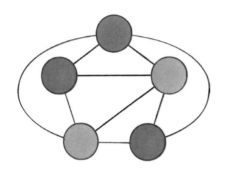

이제는 4색 정리를 어떻게 증명하는지 살펴보자. 4색 정리를 증명하려면 수학 귀납법을 써야 한다. 점이 5개 있을 경우 가장 복잡하게 선을 이은 모습은 왼쪽과 같다. 역시 네 가지 색이면 충분하다.

여기에 여섯 번째 점을 추가하면 지도에서 한 구역이었던 부분이 두 구역으로 나뉜다. 이때, 새로 생긴 점이 기존의 점 중 세 점과만 이어지면 이 세 점에 쓰지 않은 네 번째 색으로 점을 칠하면 된다. 만약 새로 생긴 점이 네 점 혹은 다섯 점과 이어지면 복잡해진다. 이미 색을 4개 다 썼기 때문이다. 이때는 기존에 색이 칠해져 있는 점 중 하나의 색을 바꾸고 새로 생긴 점에 쓰지 않았던 색을 칠한다. 예를 들어 아래 왼쪽 그림에서 파란색 점의 색을 노란색으로 바꾼다. 그러면 가운데에 새로 생긴 점을 파란색으로 칠할 수 있다.

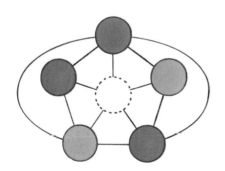

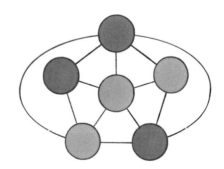

수학자의 탐색 여정

1879년, 영국 수학자 알프레드 켐프는 어떤 선이 교차하지 않는 평면도에서 앞에서처럼 색깔을 바꾸는 방식이 다 통한다는 논문을 발표했다. 당시 켐프의 증명에서는 문제가 발견되지 않았으므로 지위를 받았다.

하지만 유감스럽게도 11년 뒤인 1890년, 영국 수학자 피시 손 히우드가 반례를 찾았다. 반례에서는 켐프의 방법이 통하지 않았다. 즉 4색 지도 문제가 증명되지 않은 것이다. 히우드는 네 가지 색에서 다섯 가지로 늘리면 문제가 간단해지고 켐프의 방법이 먹힌다는 사실을 증명했다. 그래서 다섯 가지 색을 넘지 않아야 한다고 살짝 수정했다. 히우드의 결론을 '5색 지도 정리'라고 한다.

그렇다면 대체 몇 가지 색이 필요할까? 네 가지? 다섯 가지? 이후 100년 동안 수학자들은 4색 지도 문제의 다양한 경우를 증명하려고 애썼지만, 늘 구멍이 생겼다.

이게 넘버원이래.

1970년대에 이르러 미국 일리노이대학의 수학자 케네스 아펠과 볼프강 하켄은 4색 지도 문제를 고민했다. 앞선 수학자들과 둘의 차이는 컴퓨터로 가능한 경우를 죽 늘어놓았다는 점이다. 둘은 일단 1834가지(훗날 겹치는 경우가 있어서 1482가지가 됨)의 평면 지도를 정리했다. 그리고 색을 바꾸는 방식으로 새로운 점에 다른 색깔을 칠할 수 있는지를 컴퓨터를 써서 검증했다. 아펠과 하켄은 프로그래머의 도움을 받아 IBM 360 컴퓨터를 수천 시간 돌렸고, 1834가지 경우를 다 네 가지 색으로 칠할 수 있다는 사실을 증명해 냈다.

아펠과 하켄의 성과가 발표되자 세상이 들썩였다. 복잡한 수학 문제를 증명한 데다, 컴퓨터를 썼다는 점이 핵심이었다. 이는 사람들의 인식을 뒤집어 놓았다. 심지어 어떤 수학자들은 둘의 결론을 받아들이지 않았다. 수학 정리는 컴퓨터로 모든 상황을 열거해 증명하는 것이 아니라, 인간이 생각하고 논리로 증명해야 한다고 여겼기 때문이다. 1979년, 유명한 철학자이자 수학 철학자 토머스 티모츠코는《4색 정리와 그 철학적 의미》라는 글에서 4색 지도 문제가 증명되지 않았다고 밝혔다. 티모츠코의 요점은 두 가지다. 첫째, 컴퓨터가 단계를 거쳐 처리하는 모든 연산을 인간이 대조하고 검토할 수 없다는 것이다. 인간이 감당할 수 있는 작업량이 아니기 때문이다. 둘째, 컴퓨터의 도움을 받은 증명 과정을 논리로 설명할 수 없다는 것이다.

이후로도 10년간 아펠과 하켄의 증명의 오류를 찾으려는 사람들이 있었다. 특히 둘이 놓

친 경우를 염심히 찾았다. 그러나 치명적인 오류는 없었으며 자잘한 구멍은 곧 보완되었다. 몇몇 반례들은 반례가 아니라고 증명되었다. 결국 1989년 4색 정리의 증명 과정은 400쪽을 넘는 단행본으로 출간되었다.

지금은 컴퓨터로 수학 문제를 증명하는 것을 인정한다. 새로운 별을 망원경으로 발견하는 것과 눈으로 직접 발견하는 것의 차이일 뿐이다. 4색 정리의 진정한 의미는 증명 자체가 아니라, 수학 정리 증명에 컴퓨터를 썼다는 점이다. 컴퓨터의 사용은 수학사에 혁명을 가져왔다. 마치 증기기관차가 육체노동을 대체한 것과 같은 의미였다. 지금은 다들 컴퓨터로 수학 문제를 증명하는 것을 받아들인다.

2004년 9월, 수학자 조지 곤티어는 컴퓨터 증명이 믿을 만한지 확인하기 위해 Coq 증명 보조기를 사용했다. Coq 증명 보조기는 독일에서 개발한 소프트웨어로, 컴퓨터 프로그램이 정상적으로 돌아가는지 논리적으로 확인하고 지정된 결과를 제대로 도출하는지를 검증했다. 4색 정리의 컴퓨터 증명이 모든 가능성을 효과적으로 검증했고 수학 증명에 대한 요구를 만족했다는 결과가 나왔다. 증명 검증 프로그램이 생기자, 컴퓨터가 수학 문제를 효과적으로 증명한다는 사실은 더욱 확실해졌다.

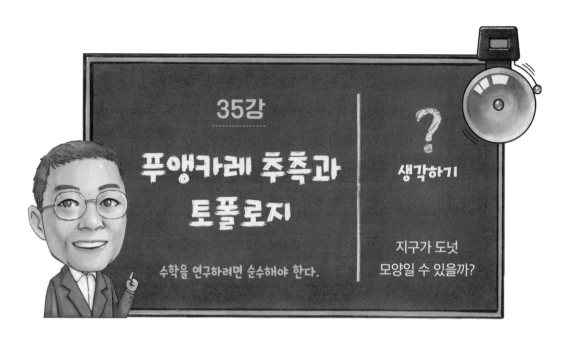

35강

푸앵카레 추측과
토폴로지

수학을 연구하려면 순수해야 한다.

?
생각하기

지구가 도넛
모양일 수 있을까?

대항해 시대, 마젤란 함대가 스페인에서 출발해 서쪽으로 향했다. 그리고 2년 뒤, 첫 세계 일주를 마치고 스페인으로 되돌아옴으로써 지구가 둥글다는 것을 증명했다. 공처럼 둥근 모양 위에서 출발해야 한 바퀴를 돌아 되돌아올 수 있기 때문이다.

본질은 같다.

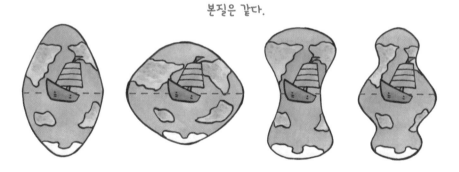

위 그림은 모양이 다른 3차원 물체들이지만 같은 성질이 있다. 절대 터지지 않는 풍선이 있다고 가정해 보자. 풍선을 누르거나 비틀면 위 그림처럼 만들 수 있다. 수학자들은 이 모양들을 한 종류로 묶어 연구하자는 의견을 냈다. 우리는 풍선을 삼각뿔이나 정육면체 상자에 구겨 넣어 그 모양대로 만들 수도 있기 때문이다.

하지만 도넛 모양은 어떨까? 풍선을 터뜨리지 않고는 도넛 모양으로 만들 수 없다. 다시 말해 도넛 모양과 풍선은 성질이 다르다. 19세기 수학자들은 이렇게 각기 다른 도형 간의 관계를 연구해야 한다고 생각하여 새로운 수학 분야인 토폴로지(Topology)를 빌전시켰다

왜 토폴로지인가

토폴로지는 그리스어에서 위치를 뜻하는 토포스(topos)와 학문을 뜻하는 로고스(logos)가 결합되어 만들어진 단어로, 이 개념을 맨 처음 꺼낸 사람은 라이프니츠였다. 토폴로지는 훗날 '도형의 연속성과 연결성'을 다루는 수학 분야로 발전했다.

토폴로지는 그래픽 이론이나 기하학과는 비슷한 듯 다른 점들도 있다. 기하학과 다른 점은 물체의 형태, 넓이, 부피 등이 아니라 내부의 연결성에만 관심을 둔다는 것이다. 예를 들어 기하학에서 정육면체와 원형은 완전히 다르지만, 토폴로지에서는 같다고 본다. 그래프 이론과는 추상적 구조와 연결성을 다룬다는 점 외에는 다르다. 그래프 이론은 한 점에서 출발해 다른 점에 닿기까지 경로가 몇 개 있으며 가장 짧은 경로가 무엇인지 등에 관심을 가지지만, 토폴로지는 도형이 아무리 변형(늘이거나 비틀거나 주름지게 하거나 구부려도)되어도 성질을 유지하는지에 관심을 둔다. 즉 구멍 나고 찢어지고 서로 붙이고 뚫리는 등의 특성이 생기지 않아야 한다. 예를 들어 다음처럼 몇 단계를 거쳐 공을 소로 바꾼다.

토폴로지에서는 어떤 입체 도형이 다른 입체 도형으로 변해도 서로 같다(등가)고 생각한다. 위의 소는 공과 등가이다. 하지만 소와 다음의 도넛은 등가가 아니다. 도넛 도형을 소로 바꿀 수 없기 때문이다.

재미있는 결론을 하나 더 말해 주겠다. 아래 그림에서 도넛과 머그잔은 등가이다. 상상력을 발휘하면 이해할 수 있다.

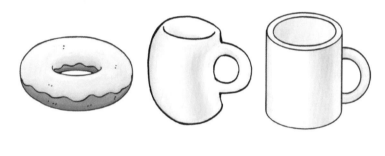

푸앵카레 추측

토폴로지에서 기본적이면서 유명한 문제는 바로 푸앵카레 추측이다. 푸앵카레는 프랑스 수학자이자 토폴로지를 이끈 사람이다. 1904년, 푸앵카레는 단순 연결되고 폐쇄된 3차원 다양체(3-manifold)는 구면과 등가라는 명제를 내놓았다.

이 명제에 나오는 개념을 살펴 보자. 폐쇄된 3차원 다양체가 무엇일까? 간단히 말해 구멍이 없는 폐쇄된 3차원 물체를 말한다. 단순 연결됐다는 것은 무슨 뜻일까? 예를 들어 오렌지 겉면에 씌운 고무줄을 끊어뜨리지 않고 천천히 움직여 한 점으로 옮긴다. 그림처럼 초록색 고무줄을 오렌지 위에 두르고 위로 올리면 고무줄의 탄성과 길이가 줄면서 오렌지 꼭대기까지 닿는

다. 파란색 고무줄도 왼쪽으로 옮기면 점점 줄면서 어떤 점에 닿는다. 이 과정에서 고무줄은 끊어지지 않으며 오렌지도 그대로이다. 이 오렌지가 바로 2차원 다양체의 단순 연결 영역이

다. 우리가 자주 보는 정육면체, 타원체, 삼각뿔은 단순 연결 영역이다.

하지만 도넛은 이렇게 힐 수 없다. 빨간색이나 노란색 고무줄을 어떻게 해도 도넛의 겉면에서 벗어나지 못한다. 도넛을 망가뜨려야만 고무줄을 어떤 점까지 줄여서 움직일 수 있다. 그러므로 도넛은 단순 연결 영역

이 아니다. 아래의 3차원 물체들도 단순 연결 영역이 아니다.

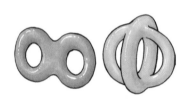

푸앵카레 추측은 타원체, 방추, 럭비공 등과 나아가 정육면체, 삼각뿔까지도 토폴로지 관점에서는 구와 등가라고 주장한다. 간단해 보이지만 증명이 절대 쉽지 않다.

푸앵카레 추측은 크게 관심받지 못했다. 1961년, 미국 수학자 스티븐 스메일은 고차원 공간에서 푸앵카레 추측이 쉽게 증명된다고 밝혔다. 그는 5차원 이상인 공간에서 푸앵카레 추측이 성립함을 증명해 1966년 필즈상을 받았고 수학의 공로상 격인 울프상도 받았다. 1981년, 미국 수학자 마이클 프리드먼은 4차원 공간에서 푸앵카레 추측이 성립함을 증명해 1986년에 필즈상을 받았다. 하지만 3차원은 고차원 공간보다 복잡해서 증명되지 못했다.

그래서 푸앵카레 추측은 2000년에 미국 클레이 수학연구소가 발표한 7개 밀레니엄 수학 문제에도 들어갔다. 이러한 푸앵카레 추측을 증명한 사람은 수학계의 괴짜, 그리고리 페렐만이었다.

순수한 그리고리 페렐만

그리고리 페렐만은 1966년 당시에는 레닌그라드라고 불리던 상트페테르부르크에서 태어났다. 열여섯 살인 1982년, 세계 수학 올림피아드에서 보기 드문 만점으로 금메달을 땄고, 국립상트페테르부르크대학교에서 수학 전공으로 박사 학위를 받았다. 그리고 상트페테르부르크 소련 과학원의 스테클로프 수학연구소에서 근무했다. 1990년대에는 미국에서 박사 후 과정을 밟았고 쿠란트 수학연구소와 뉴욕주립대학교 스토니브룩캠퍼스에서 연구원으로 일했다.

페렐만은 **캘리포니아대학교 버클리캠퍼스**에 있을 때 '영혼 추측' 문제를 풀었다. 영혼 추측은 리만 기하학과 토폴로지에서 중요한 문제였는데, 페렐만의 증명 방식은 수학계가 깜짝 놀랄 만큼 특이했다. 이를 보고 당시 프린스턴대학과 스탠포드대학 등 명문대에서 페렐만을 교수로 데려오려고 했지만 모두 거절당했다.

캘리포니아대학교 버클리캠퍼스는 미국 수학 연구의 중심지이다. 수학 연구에서는 이 대학의 수학과와 매사추세츠 공과대학의 수학과가 유명하다. 맨 처음 푸앵카레 추측 연구에서 큰 성과를 보인 스티븐 스메일과 훗날 성과를 얻은 마이클 프리드먼도 이 학교 출신이다.

1995년 여름, 페렐만은 10만 달러 정도를 모았다. 당시에 10만 달러는 러시아 엔지니어가 10년간 모은 연봉에 버금갔다. 페렐만은 10만 달러면 평생 써도 모자라지 않으리라 생각하고 러시아의 스테클로프 수학연구소로 돌아가 수학 연구에 몰두했다.

러시아로 돌아온 페렐만은 검소하게 살았다. 어머니의 낡은 아파트에 살며 월 100달러 정도만 썼다. 그리고 수학 연구에만 시간을 쏟아부어, 몇 년 동안 기하학에서 많은 업적을 남겼다.

페렐만은 2002년 11월부터 2003년 7월 사이 푸앵카레 추측의 증명을 마쳤다. 그는 다른 과학자들처럼 연구 결과를 학술 잡지에 보내지 않고 출판 전 논문 수집 웹사이트인 **arXiv.org**에서 발표했다. 이는 2002년 당시, 특히 수학 분야에서는 흔한 방법이 아니었다.

현재 적지 않은 과학자들이 자신이 맨 처음 연구했다는 점을 확실히 하려고 논문의 요약 내용을 arXiv.org에 올리고 있다. 특히 인공지능처럼 관심이 쏠리는 분야의 논문이 많다. 잡지에 논문을 보내고 실리기까지는 1년 정도가 걸리는데, 그 사이에 누군가가 먼저 발표할 수도 있기 때문이다.

그가 논문을 arXiv.org에 발표한 이유는 누군가 먼저 푸앵카레 추측을 증명할까 걱정해서가 아니라 수학 잡지의 심사위원 수준을 인정하지 않아서였다. 페렐만은 증명 과정을 논문 세 편에 담아 웹사이트에 올려 세상의 뛰어난 수학자들이 평가하고 검증하길 바랐다. 이러한 페렐만의 행보로 수학계는 발칵 뒤집어졌다.

필즈상 위원회는 페렐만의 공로를 기리기 위해 2006년 8월 제25회 세계 수학자대회에서 필즈상을 주려고 했지만 거절당했다. 하지만 어쨌든 2006년의 필즈상 수상자는 페렐만이었다.

2010년 3월 18일, 클레이 수학연구소는 밀레니엄 문제인 푸앵카레 추측을 증명한 그리고리 페렐만에게 100만 달러의 상금을 준다고 공포했다. 넉넉지 않은 형편에 꽤 큰

액수였지만, 페렐만은 클레이 수학연구소의 결정이 '불공평'하다는 이유로 거절했다. 미국 수학자 리처드 해밀턴이 증명까지는 아니어도 자신보다 더 크게 이바지했다고 생각했기 때문이다.

페렐만에게는 수학 난제를 푸는 성취감이 돈과 명예보다 중요했나 보다. 페렐만처럼 순수한 사람만이 푸앵카레 추측 같은 난제에 오롯이 전념하는지도 모르겠다.

그가 유명해진 뒤 그를 인터뷰하려는 사람이 많았다. 하지만 혼자 있는 것을 좋아한 페렐만은 전부 거절했다. 심지어 스테클로프 수학연구소까지 그만두었다. 기자와 수학 애호가들이 페렐만을 찾을 수 없자 러시아에 새로운 수수께끼가 생겼다. 페렐만은 어디에 있을까?

36강

쌍둥이 소수

수학 과짜,
대기만성하다.

생각하기

진리 하나를
알려고 얼마나
버틸 수 있는가?

오늘날 암호화 등 일상생활에서 많이 쓰이는 수학은 전부 대(大)소수 찾기와 관련이 있다. 소수란 1과 자기 자신만으로 나누어떨어지는 정수를 말한다. 예를 들어 2, 3, 5, 7 등이다. 4, 6, 9, 10 등의 정수는 1과 자신 외의 다른 정수로도 나누어떨어진다. 4는 2로 나누어떨어지는데, 이처럼 4와 같은 수를 합성수라고 한다. 물론 1은 예외다. 1은 소수도 아니고 합성수도 아니다.

큰 소수, 즉 대소수를 찾으려면 소수의 분포를 이해해야 한다. 소수의 분포와 관련 있는 유명한 추측이 하나 있다. 바로 '쌍둥이 소수 추측'이다. 쌍둥이 소수는 힐베르트의 23개 문제 중 여덟 번째 문제의 일부이다. 소수 분포에 대한 여덟 번째 문제에는 리만 추측, 쌍둥이 소수, 그리고 뒤에 나올 골드바흐의 추측이 포함된다.

쌍둥이 소수가 무엇인가

쌍둥이 소수란 '3, 5', '5, 7', '11, 13'처럼 두 수의 차가 2인 소수의 쌍을 말한다. 물론 숫자가 커지면 쌍둥이 소수를 찾는 게 쉽지 않다. 과연 숫자가 무한대에 가깝게 커져도 쌍둥이 소수를 찾을 수 있을까? 어떤 수학자들은 숫자가 커지면 소수

간의 차이도 무한대에 가까워진다고 생각했다. 즉 쌍둥이 소수가 없다고 여겼다. 물론 숫자가 아무리 커져도 차이가 적은 소수를 찾을 수 있고 두 수의 차가 유한하다고 생각한 수학자들도 있었다. 이 추측을 쌍둥이 소수 추측이라고 한다.

우리는 멀어질 운명인가?

쌍둥이 소수 추측에는 두 가지 버전이 있다. 하나는 약한 버전으로, 두 소수의 차가 유한하면 된다. 다른 하나는 강한 버전으로, 두 소수의 차가 딱 2여야 한다. 둘을 비교하면 약한 버전의 응용 가치가 더 크다. 물론 강한 버전이 해결되면 완벽하다. 만약 약한 버전을 증명해 쌍둥이 소수 간의 가장 큰 차를 찾은 뒤 이 수를 2까지 줄이면 강한 버전까지 증명할 수 있다.

현재 약한 버전은 증명되었다. 쌍둥이 소수 추측에 큰 발전을 이룬 셈이다. 약한 버전을 증명한 사람은 중국계 미국인인 장이탕張益唐이었다.

초라했던 반평생

수학자들은 보통 서른다섯 살 전에 유명세를 키웠다. 하지만 장이탕의 반평생은 초라했다. 장이탕은 쉰여덟 살이 되어서야 쌍둥이 소수 문제 해결에 이바지해 수학자로 인정받았다. 그의 파란만장한 연구 과정은 학술계에 큰 반향을 일으켰다. 다들 타고난 재주가 있어야 수학을 연구한다고 생각했다. 서른다섯 전에 큰 성과를 내지 못하면 그냥 평범한 수학하는 사람으로 남아 세상에 이바지하지 못한다고 여겼다. 뉴턴, 가우스, 오일러 등도 스무 살 진후로 눈부신 성과를 얻었다. 수학계 최고 명예인 '필즈상'도 수상자 나이를 마흔 살 이하로 정해 두었다. 하지만 장이탕이 성공하자 사람들은 수천 년 동안 이어온 고정 관념을 되짚어보았다.

장이탕은 시대 상황 때문에 스물세 살이 되어서야 베이징대학 수학과에 합격했다. 학사, 석사 학위를 받고 졸업한 뒤 미국의 뉴햄프셔대학교에서 박사 과정을 밟았다. 그는 뉴햄프셔대학교에서 외톨이로 지내며 도서관에서 연구하는 데 시간을 쏟았다. 하지만 연구도 썩 잘되지 않았고 교수와의 관계도 좋지 않았다.

졸업은 했지만 치열한 경쟁 때문에 교직을 얻지 못했다. 하지만 다른 동기들처럼 금융이나 컴퓨터 쪽으로 방향을 틀고 싶지 않았다. 그는 몇 년 동안 이리저리 떠돌았다. 친구 집에 얹혀 지내거나 친구 집 지하실에 묵을 때도 있었다. 중국 식당에서 배달원을 하거나 모텔에서 시급을 받고 일하기도 했다. 이렇게 힘든 환경에서도 그는 수학 연구에 몰두했다.

이런 그의 소식을 알게 된 베이징대학교 동창인 탕푸치唐樸祁와 거리밍葛力明이 도움의 손길을 내밀었다. 동창 중 한 명은 서브웨이 프랜차이즈를 열면서 회계 쪽을 부탁했다. 이러한 주변의 지원 속에 1999년, 장이탕과 탕푸치는 컴퓨터 알고리즘의 난제를 풀어 인터넷 특허를 받았다.

탕푸치는 친구의 재능을 썩히기 아까워 뉴햄프셔대학에서 학생을 가르치던 후배 거리밍에게 장이탕을 추천했다. 장이탕은 거리밍의 추천으로 수학과와 통계학과 조교로 들어갔다. 이어 미적분, 대수, 수론 등을 가르치는 강사가 되었다. 평생 교직은 아니지만 어쨌든 학술계로 돌아올 기회가 온 셈이다.

2001년 장이탕은 《듀크 수학잡지 Duke Mathematical Journal》에 '리만 가설' 관련 논문을 발표하여 수학과 교수이자 수학자인 케네스 아펠에게 높은 평가를 받았다. 4색 정리 부분에서 나왔던 그 아펠이다.

그가 '쌍둥이 소수' 문제에 관심을 깊게 가지게 된 것은 그로부터 얼마 후였다. 2005년에 다른 이들이 발표한 '쌍둥이 소수 추측' 관련 논문에서 영감을 받고 쌍둥이 소수 추측에 관심이 생겼다. 그의 나이 쉰이었다.

쌍둥이 소수와 관련해서, 그의 수학적 자질을 엿볼 수 있는 일화가 있다. 2008년, 수학 분야의 최정상 수학자들이 미국 수리과학연구소(MSRI)에서 세미나를 열었다. '쌍둥이 소수 추측'을 해결할 수 있을지 의논하는 자리였다. 일주일의 토론 끝에 당시의 수학 도구로는 역부족이라는 결론이 나왔다.

하지만 장이탕은 세미나에 참석할 자격이 없었기에 상황을 몰랐다. 이것이 그에게는 더욱 집중할 수 있는 계기가 되었다. 다른 수학자들이 역부족이라는 결론 때문에 잠시 주춤할 때 그는 오히려 난제에 매달렸다. 훗날 장이탕은 차라리 몰랐던 게 운이 좋았다고 생각했다.

"돌이켜보면 마음에 걸릴 게 없어서 연구에 속도가 붙은 것 같습니다. 그때는 자신 있었어요. 그냥 좋아하는 일을 했을 뿐이지요. 일희일비할 바엔

세미나

시작도 하지 않는 게 나아요."언론은 그가 10년 동안 한 검만 간 덕에 난제를 풀었다고 보도하는 걸 즐겼다. 하지만 장이탕은 쌍둥이 소수 문제에 그리 긴 시간을 투자한 것은 아니라며, 10년간 한 검만 간 정도까지는 아니라고 솔직하게 말했다. 수학자 특유의 임석함이 느껴지는 대목이다. 이러한 그의 노력은 결국 2013년에 빛을 발했다.

대기만성

2012년의 어느 날, 장이탕이 친구 아들에게 수학을 가르치고 있었을 때였다. 친구 집 뒤뜰을 산책하던 그의 머릿속에서 쌍둥이 소수 추측을 해결할 영감이 번쩍 떠올랐다. 뒤이어 몇 개월 동안 약한 버전의 증명을 마친 그는 증명 내용을 거듭 확인하고 검사해 논문을 완성했다. 2013년 4월 17일, 유명 잡지 《수학연보》에 원고를 보냈고 쌍둥이 소수 추측 연구에 엄청난 진전이 있다고 발표했다. 《수학연보》의 심사 기간은 보통 2년이지만, 이 경우에는 달랐다. 심사에 참여한 전문가들은 깜짝 놀라 심사를 서둘렀고 장이탕의 증명이 완벽함을 확인했다. 3주 만에 그의 논문을 싣기로 하고 5월 21일에 발표했다.

> 보통 논문 한 편은 여러 사람이 순서대로 심사한다. 특히 철저한 학술 잡지일수록 관련 분야의 전문가에게 심사를 맡긴다.

장이탕은 원고를 보낼 당시만 해도 전혀 알려지지 않았다. 심사 위원들은 논문을 받고도 믿지 않았

이럴 수가, 다 맞는 말이야!

다. 심사위원이었던 캐나다 수학자 존 프리들랜더는 2005년 이후 쌍둥이 소수 문제에 관심을 두는 사람이 없었다고 밝혔다. 너무 어려웠기 때문이다. 예전에 받은 논문들도 다 틀렸으니 장이탕의 논문도 다르지 않으리라고 여겼다.

그는 논문을 며칠간 방치했다. 그러다가 다른 심사위원으로부터 논문을 보고 있다는 전화를 받았고, 심사위원 모두가 바로 심사에 들어갔다. 논문의 요점에는 문제가 없었다. 세세하게 읽어 나갈수록 정확하다는 생각이 들었다.

며칠 뒤 심사위원들은 빠진 부분이 없는지, 완벽한지 확인했다. 논리는 분명했고 정확했다. 마침내 소수 분포에서 기념비적인 의미를 지닌 정리가 증명되었다고 판단했다.

굉장히 중요한 발견이었기에 《네이처》, 《사이언스》, 《뉴욕 타임즈》, 《가디언》, 《더 힌두》, 《퀀타 매거진》 등 주요 매체에서는 장이탕의 업적을 연이어 보도했다. 유명해진 장이탕은 뉴햄프셔대학의 정교수로 파격 임용되면서 평생 교직을 얻었다. 그 뒤 여러 수학상(미국 수학회에서 수여하는 콜상 포함)을 받고 2014년 세계 수학자대회의 초청을 받아 폐막전에서 발표를 하게 된다. 같은 해에는 미국에서 '천재상'이라고 불리는 맥아더 펠로우 프로그램을 수상했다.

장이탕의 논문에 따르면 숫자가 무한대에 가까워질 때 이웃한 소수의 차는 7000만이다. 약한 버전이 증명되자, 중국계 호주인 수학자 테렌스 타오는 전 세계 수론 전문가들에게 7000만이라는 차를 좁히는 연구를 하자고 제안했다. 현재 이웃한 소수의 차는 246까지 줄었다.

이제는 멀지 않아.

2차 세계대전 뒤 중요한 수학 난제를 푼 와일즈, 페렐만, 장이탕 등은 조금 괴짜 같다. 하지만 수학에 푹 빠지는 마법에 걸려서 그런 '괴짜 냄새'를 풍기나 보다. 그들의 열정과 사랑이 없었다면 수학 난제는 풀리지 못했을 것이다.

37강

골드바흐의 추측

말은 버벅거려도
머리가 엄청 좋을지도 모른다.

? 생각하기

모든 수를
두 소수의 합으로
나타낼 수 있을까?

골드바흐의 추측이라는 것이 있다. '1 + 1' 문제라고 하는 사람도 있는데, 이대로 면 매우 간단한 산수 문제 같아 보인다. 사실은 굉장히 어려운 문제이다. 대체 뭐가 어렵다는 걸까?

골드바흐의 추측은 수론 문제이다. 1 + 1은 골드바흐의 추측을 단순하게 표현한 것이지 정말 1 + 1 = 2를 증명하는 것은 아니다. 1 + 1 = 2는 정의이므로 성립하는지 증명할 필요도 없다.

골드바흐의 추측은 '1+1'인가?

1742년, **프로이센** 수학자 골드바흐는 오일러에게 다음과 같은 추측을 적은 편지를 보냈다. 이것이 골드바흐 추측의 원형이다.

2보다 큰 모든 정수는 세 소수의 합으로 나타낼 수 있다.

프로이센은 현재 독일과 폴란드 국경에 있었던 왕국으로 유럽 역사에서 중요한 지역이다.

초등학교 1학년 수업 아닙니다.

지금 우리가 배우는 골드바흐의 추측 설명과는 약간 다르다. 당시 골드바흐는 1도 소수로 보았기 때문이다. 이를 지금 수학계에서는 다음처럼 더 정확하게 표현한다.

5보다 큰 모든 정수는 세 소수의 합으로 나타낼 수 있다.

오일러는 골드바흐의 추측이 다음과 같다고 답장했다.

2보다 큰 짝수는 두 소수의 합으로 나타낼 수 있다.

예를 들어 4 = 2 + 2, 12 = 5 + 7, 200 = 3 + 197 등이다.

사실 지금 우리가 아는 골드바흐의 추측은 오일러의 설명이다. 오일러의 설명을 '골드바흐의 강한 추측' 혹은 '골드바흐의 짝수에 대한 추측'이라고 한다. '골드바흐의 약한 추측' 혹은 '골드바흐의 홀수에 대한 추측'도 있는데, 다음과 같다.

5보다 큰 홀수는 세 소수의 합으로 나타낼 수 있다.

골드바흐의 홀수에 대한 추측은 1937년에 소련 수학자인 이반 마트베예비치 비노그라도프가 증명했다. 그러므로 '골드바흐의 홀수에 대한 추측'은 '골드바흐-비노그라도프 정리('세 소수 정리'라고도 함)가 되었다. 지금 다루고 있는 골드바흐의 추측은 아직 증명되지 못한 '골드바흐의 짝수에 대한 추측'을 가리킨다.

골드바흐의 강한 추측은 1개의 홀수를 소수 2개로 쪼개야 하므로 '1+1'로 표현하곤 한다. 여기서 1은 소수 하나를 나타낸다. 간단하게 '1+1'로 표현했을 뿐이지 진짜 덧셈 '1+1'을 뜻하는 게 아니다. 마찬가지로 골드바흐의 추측에서 '1+2'가 나올 때도 있다. 여기서 '1+2'는 1개의 짝수를 1개의 소수와 2개 소수의 곱을 더한 것으로 나타낼 수 있음을 말한다. 예를 들어 다음과 같은 식이다.

$$30 = 5 + 5 \times 5 \qquad 42 = 3 + 3 \times 13$$

연구에 참여한 과학자들

골드바흐의 추측이 나온 뒤 160년 동안 많은 수학자가 매달렸지만, 별 진전은 없었다. 1900년, 힐베르트가 제2회 세계 수학자대회에서 골드바흐의 추측을 리만 추측, 쌍둥이 소수 추측 등 23개 문제의 여덟 번째 문제로 넣자, 수학자들이 관심을 보였다. 이윽고 다시 20년이 흘러 해결의 실마리가 나왔다.

대표적으로 영국의 수학자 하디와 리틀우드가 있다. 둘은 1923년 발표한 논문에서 리만 추측이 성립하면 매우 큰 짝수의 '대부분'을 두 소수의 합으로 나타낼 수 있다고 증명했다. 하지만 '대부분'과 '모두'는 확연히 다르다. 리만 추측은 아직도 증명되지 못했다.

비슷한 시기에 노르웨이 수학자 비고 브룬은 다른 증명법인 '에라토스테네스의 체'를 내놓았다. 비고 브룬은 매우 큰 짝수는 두 수의 합과 같고 이 두 수는 많아야 소수 9개를 곱한 것으로 나타낼 수 있음을 증명했다. 브룬이 증명한 명제를 '9+9'라고 부른다. 골드바흐의 추측은 '1+1'이므로 만약 '9'를 '1'까지 줄여 나갈 수 있다면 골드바흐의 추측도 증명된다.

그런데 왜 꼭 매우 큰 짝수를 생각해야 할까? 작은 짝수를 소수로 쪼개기는 쉬우므로 고민할 필요가 없다. 또한 수학자들은 2014년까지 4×10^{18} 안의 짝수를 검증했는데 골드바흐의 추측에 어긋나는 예는 발견되지 않았다. 그래서 더 큰 짝수를 생각해야 하는 것이다.

세계의 수학자들은 브룬의 생각에 따라 '7+7', '6+6', '5+5'…를 증명해 냈다. 1956년에 러시아 수학자 비노그라도프가 '3+3'을, 중국 수학자 왕위안王元이 '3+4'를 증명했고, 이어 1957년 '3+3'과 '2+3'을 증명했다. 1965년까지 러시아 수학자 알렉산드르 부취스타프, 비노그라도프, 이탈리아 수학자 엔리코 봄비에리는 각각 '1+3'을 증명해 냈다. 당시 봄비에리는 겨우 스물넷이었다.

천징룬의 '1+2'

이후 중국의 수학자인 천징룬陳景潤은 '1+2'를 증명해 골드바흐의 추측을 풀기까지 한 발자국 정도만 남겨 두었다.

천싱룬은 샤먼대학廈門大學에서 수학을 전공했지만, 졸업한 뒤 수학 연구가 아닌 베이징 제4중학교 선생님으로 배정되었다. 하지만 발음이 나빠 수업이 힘들었고 결국 고향에서 요양하라는 명령을 받았다.

다행히 당시 샤먼대학 총장 왕야난王亞南이 천싱룬의 처지를 알고 샤먼대학 자료원으로 데려와 수론 연구를 맡겼다. 다시 수학 분야에서 이바지할 기회가 생긴 셈이다. 1957년 천싱룬의 재능을 알아본 하뤼겅華羅庚이 중국 과하원 수하연구소의 실습 연구원 자리를 마련해 주었고, 그는 최적의 환경에서 수론을 연구할 수 있었다.

천싱룬은 기대를 저버리지 않고 1966년에 '1+2'를 증명해 냈다. 1973년에는 '1+2'의 증명 과정을 완벽하게 정리하고 1966년의 연구를 발전시켜 《중국과학》 잡지에 발표했다.

당시 영국과 독일의 두 수학자가 수론 책인 《에라토스테네스의 체》를 쓰고 있었는데, 그들은 홍콩에서 천싱룬의 연구 성과를 듣고 책에 '천陳의 정리' 장을 특별히 추가했다. 책이 발표되자 천싱룬의 업적은 세계 수학자들에게 알려졌다.

지금은 '1+2'가 증명되고 벌써 반세기가 흘렀다. 하지만 골드바흐의 추측은 제자리걸음이다. 천징룬이 증명 과정에서 브룬이 변형한 에라토스테네스의 체 방법을 최대한으로 썼기 때문이다. 천의 정리는 에라토스테네스의 체를 발전하게 했지만, 이제는 더 쓸 수가 없다. 그러므로 에라토스테네스의 체로 '1+1'을 증명할 가능성은 거의 없다.

이제 수학자들은 이미 있는 방법을 살짝 보완한다고 해서 '1+1'이 증명되지 않으리라고 생각한다. 골드바흐의 짝수에 대한 추측을 증명하려면 새로운 생각과 수학 도구가 필요하다.

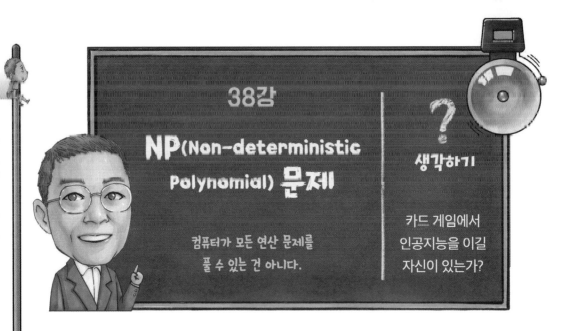

38강

NP(Non-deterministic Polynomial) 문제

컴퓨터가 모든 연산 문제를
풀 수 있는 건 아니다.

생각하기

카드 게임에서
인공지능을 이길
자신이 있는가?

NP 문제는 7개의 밀레니엄 문제 중 하나이자 유일한 컴퓨터 과학 문제로서 알고리즘 연구에 매우 중요하다. NP 문제가 무엇일까? 우선 컴퓨터 알고리즘이 얼마나 복잡한지부터 알아보자.

알고리즘은 어떻게 평가할까?

컴퓨터는 속도가 빠르지만, 한 단계씩 차근차근 연산한다. 두 알고리즘이 같은 문제를 푸는데, 1번 알고리즘은 10만 단계, 2번 알고리즘은 1,000단계를 거쳐야 한다면 고민할 필요도 없이 2번 알고리즘이 좋다. 그렇다면 무조건 2번 알고리즘이 좋은가? 하지만 문제 풀이에 몇 단계가 걸리는지는 문제의 크기와 관련이 있다.

예를 들어 숫자 100만 개 줄 세우기는 100개보다 단계를 훨씬 많이 거쳐야 한다. 이처럼 어떤 알고리즘이 얼마나 좋고 얼마나 복잡한지를 판단하는 것은 단순히 몇 단계가 필요한지로 결정할 사항이 아니다. 문제는 크기가 다른 문제를 계산할 때 알고리즘의 성능 차이가 크다는 점이다. 게다가 현실 속 문제는 크기가 천차만별이므로 몇 단계가 필요한지를 판단 기준으로 삼기 힘들다. 다음과 같은 예가 있을 수 있다.

알고리즘 A와 B가 같은 과제를 실행한다고 하자. 데이터 1만 개로 테스트하면 A는 100만 단계, B는 1000만 단계가 걸린다. 한편 데이터 100만 개로 테스트하면 A는 1000억 단계, B는 500억 단계가 걸린다. 어떤 알고리즘이 더 좋은가? 두 알고리즘의 실행 결과를 아래처럼 그래프로 나타내 보았다. 세로축은 필요한 단계 수이고 단위는 만이다.

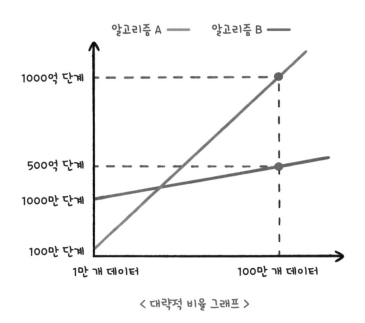

< 대략적 비율 그래프 >

첫 번째 경우만 보자. 즉 크기가 작은 데이터로 판단하면 A가 좋다. 하지만 데이터 크기가 큰 두 번째 경우만 보면 B가 더 낫다. 즉 데이터 수량이 작을 때는 A가, 수량이 클 때는 B가 좋다. 문제의 크기에는 '크다, 작다' 두 가지만 있는 게 아니다. 명확하고 일치하는 기준이 있어야 한다. "이럴 땐 이렇고 저럴 땐 저렇다."가 되면 안 된다. 그렇다면 기준을 어떻게 정해야 할까?

컴퓨터 과학 발전 초기에는 알고리즘 평가 기준을 두고 명확한 답이 없었으며, 생각도 달랐다. 1965년에 이르러 유리스 하르트마니스와 리처드 스턴스가 알고리즘 복잡도 개념(둘 다 이 성과로 튜링상을 받음)을 내놓자, 컴퓨터 과학자들은 알고리즘 성능을 판단할 공평하고 일관된 방법을 고민하기 시작했다. 맨 처음 복잡도를 철저하게 계산한 사람은 도널드 커누스로 '알고리즘 분석의 아버지'라고 불리는 사람이다. 오늘날 알고리즘을 평가하는 복잡도는 커누스의 생각을 기준으로 삼는다.

커누스의 생각은 아래와 같다

1 알고리즘의 속도를 비교할 때는 데이터의 양이 매우 커서 무한대에 가까운 상황만 고려한다. 왜 작은 수가 아니라 큰 수를 비교해야 할까? 컴퓨터는 대량의 데이터를 처리하려고 발명했기 때문이다. 데이터는 많을수록 좋다.

2 알고리즘의 속도를 결정하는 요소는 많지만, 결국 두 종류로 나뉜다. 첫째, 데이터의 양에 따라 변하지 않는 요소와 둘째, 데이터의 양에 따라 변하는 요소이다.

두 알고리즘이 있다고 하자. 첫 번째 알고리즘의 연산 횟수는 $3N^2$이다. N은 처리하는 데이터의 양이다. 두 번째 알고리즘의 연산 횟수는 $100Nlg_2$다. N 앞의 수가 3이든 100이든 상관없다. 상수이기 때문에 N의 크기와는 관련이 없다. 데이터 10개를 처리하든, 1억 개를 처리하든 모두 마찬가지이다. 하지만 N과 얽힌 부분은 다르다. 몇 천, 몇 만 개의 데이터를 처리할 때 두 알고리즘의 차이는 그리 크지 않지만, N이 이를 아득히 넘어 매우 크다면 N^2은 Nlg_2보다 훨씬 크다. 커누스는 알고리즘을 판단할 때 N이 무한대로 커지는 경우만 고려하면 된다고 생각했다. 컴퓨터가 처리해야 하는 데이터의 규모가 상상 이상으로 크기 때문이다.

바둑보다 복잡하다

바둑이 얼마나 복잡한지 아는가? 바둑은 변화무쌍하다. '끊임없이 변한다.'라고 밖에 표현이 안 되었다. 알파고가 등장하기 전까지는 그랬다.

알파고가 최정상급 기사들을 상대하며 기존에 인간이 가지고 있던 바둑에 대한 이해를 흔들어 놓자, 사람들은 바둑도 유한한 수학 문제임을 인정했다. 물론 그 유한함의 범위가 매우 넓긴 하지만 말이다. 배열 조합을 배웠다면 바둑판의 경우의 수를 쉽게 계산할 수 있다. 바둑판은 검은색, 흰색, 빈자리 세 경우밖에 없고, 교차점은 361개 있으므로 최대 $3^{361} \approx 2 \times 10^{172}$가지의 경우가 생긴다. 2 뒤에 0이 대략 172개 붙는 어마어마한 경우의 수이다.

우주에 존재하는 소립자(양성자, 중성자, 혹은 전자 등)를 다 세도 $10^{79} \sim 10^{83}$개밖에 되지 않는다. 이해하기 쉽게 약 10^{80}개라고 하자. 이 소립자들을 각각 하나의 우주라고 치고 전 우주의 소립자를 다시 다 세도 약 10^{160}개로, 바둑판의 경우의 수인 2×10^{172}보다 적다. 물론 아무리 커도 분명하게 나타낼 수 있는 수이므로 무한대는 아니지만, 인간 입장에서는 무궁무진한 수이므로 이런 규모의 데이터는 컴퓨터로 맞설 수밖에 없다.

컴퓨터가 처리해야 할 데이터는 바둑판의 경우의 수만큼 많다. 따라서 알고리즘의 복잡도는 N이 무한대에 가까워지는 경우와 N과 관련된 부분만 고려하면 된다. 알고리즘의 계산량은 N의 함수 $f(N)$으로 쓸 수 있다. 이 함수의 경계(상한 또는 하한)를 **대문자 O**로 표시한다. 두 함수 $f(N)$과 $g(N)$에서 N이 무한대에 가까워질 때 둘은 상수 하나만 다르므로 규모가 같은 함수로 본다. 알고리즘 관점에서는 복잡도가 같은 것이다.

> BIG-O는 점근적 상한을 나타내는 수학 기호이다. $O(g(N))$는 점근적 증가율 $g(N)$을 넘지 않는 모든 함수의 집합이다.

알고리즘의 유형

자주 쓰이는 알고리즘은 복잡도에 따라 몇 가지로 나뉜다.

위의 다섯 가지 알고리즘은 보통 컴퓨터로 해결된다고 생각하므로 'P 알고리즘'이라고 한다. P는 다항식(polynomial)의 첫 글자다. 하지만 여섯 번째 알고리즘도 있다. 여

1 상수 복잡도 알고리즘: 예를 들어 컴퓨터 해시 테이블에서 어떤 데이터를 찾는다면 복잡도는 바로 상수 규모이다. 다시 말해 복잡도가 해시 테이블의 크기에 따라 커지거나 눈에 띄게 변하지 않는다.

2 대수 복잡도 알고리즘: 줄을 세운 숫자 조합에서 어떤 데이터를 찾는다면 복잡도는 다음과 같다. 예를 들어 줄을 세운 1000개 데이터에서 숫자 하나를 찾으려면 $Nlog_21000 \approx$ 10번만 찾으면 된다. 만약 수 조합의 크기가 100만이 되어도 $Nlog_21000000 \approx$ 20번만 찾으면 되므로 1000일 때보다 2배 늘어난다.

3 선형 복잡도 알고리즘: 줄을 세우지 않은 숫자 조합에서 숫자 하나를 찾는 경우다. 예를 들어 줄 세우지 않은 수 1000개에서 2가 있는지 찾으려면 1000개 숫자를 다 보면 된다. 만약 100만 개 숫자 중에서 2를 찾으려면 100만 개 숫자를 다 확인해야 하므로 계산량이 1000배 늘어난다.

4 선형과 대수 복잡도 알고리즘: 즉 $O(Nlog_2)$를 가리킨다. 이 알고리즘의 계산은 선형 복잡도의 계산보다 크지만, 차이가 크지는 않다. 예를 들어 정렬 알고리즘이 있다.

5 다항식 복잡도 알고리즘: 예를 들어 계산량이 $O(N^2)$, $O(N^3)$인 알고리즘이다. 이 알고리즘의 계산량은 데이터 크기가 빠르게 늘어나는 편이지만, 받아들일 수 있는 수준이다. 예를 들어 수원 화성에서 서울역까지의 최단 경로를 찾는다면 계산량은 교차로의 개수와 제곱 관계를 이룬다. 그러므로 특정한 두 도시 중 첫 번째 도시의 크기가 두 번째 도시보다 10배 크다면, 이론적으로 첫 번째 도시에서 최단 경로를 찾는 계산량은 두 번째 도시의 100배다. 이때 계산해야 하는 데이터가 늘어나는 속도는 매우 빠르다.

첫 번째 알고리즘의 복잡도는 데이터 크기의 지수 함수다. 100쪽의 인도 체스 문제에서 보았듯이 지수 함수의 증가 속도는 정말 빠르다. 컴퓨터가 바둑을 두는 알고리즘에 아무런 제한도 하지 않는다면 복잡도는 지수 함수이다. 만약 바둑판 크기를 19×19에서 20×20으로 늘리면 복잡도는 600조 배로 올라간다.

NP는 P와 같을까?

어떤 문제의 계산 복잡도는 다항식의 범위를 넘는다. 이때 답을 여러 개 찾으려면 복잡도가 지수 규모가 된다. 하지만 답을 하나로 정하고 정확한지만 검증하면 복잡도가 높지 않다. 방정식을 풀거나 인수분해를 하라고 하면 어렵지만, 이미 주어진 답이 맞는지만 확인하라고 하면 쉬워지는 것과 비슷하다. 답을 검증할 때 복잡도는 다항식 범위 안인데 그에 맞는 알고리즘을 찾지 못한다면, 이런 문제를 NP 문제라고 한다. NP는 비결정성 다항식 Non-deterministic Polynomial의 약자다.

컴퓨터 과학자들은 NP 문제를 두고 다항식 복잡도 알고리즘 자체가 없는 것인지, 있는데 인류가 멍청해서 찾지 못하는 것인지 알고 싶었다. 후자라면 NP 문제가 P 문제, 즉 NP = P와 같다. 반대로 전자의 경우 간단하게 쓰면 NP ≠ P다. 하지만 현재까지 아무도 답을 찾지 못했다.

NP 문제에는 무슨 의미가 있을까? 첫째, 컴퓨터가 해결할 수 있는 문제의 경계를 알려준다. 우리는 엄청나게 많은 NP 문제들은 쉽게 만들지 않으면 답을 구할 수 없다고 생각한다. 둘째, NP 문제의 응용 가치는 높다. 예를 들어 컴퓨터로 비밀번호가 맞는지 검증하는 것은 빨리 끝나지만, 비밀번호를 깨기는 어렵다. 그래서 암호가 안전하다. 매우 빠르다는 양자 컴퓨터가 생겨도 여전히 비밀번호 깨기가 검증보다 훨씬 어렵다면 암호는 안전하다.

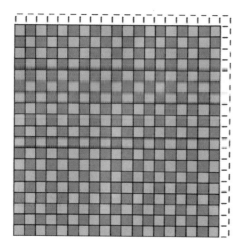

머리 터지겠네!

하지만 NP 문제가 P 문제와 같다면 상황은 심각해진다. 비밀번호 검승만큼 쉽게 암호를 깨는 알고리즘을 찾을 수도 있기 때문입니다.

2001년, 수학자와 컴퓨터 과학자 100명을 대상으로 실시한 조사에서 61명이 NP ≠ P를 믿는다고 답했다. 2012년, 같은 조사에서는 84%가 NP ≠ P를 믿는다고 답했다. 나도 같은 생각이다.

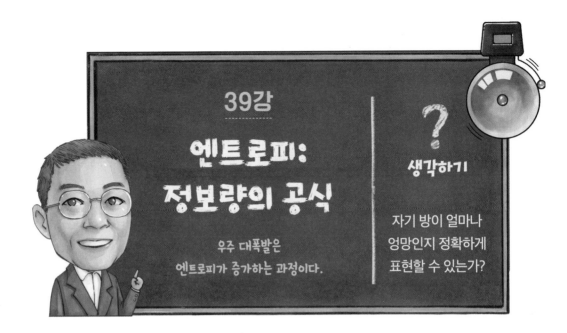

엔트로피: 정보량의 공식

우주 대폭발은
엔트로피가 증가하는 과정이다.

생각하기

자기 방이 얼마나
엉망인지 정확하게
표현할 수 있는가?

우리는 정보화 시대에 살고 있다. 언론에서는 늘 "정보량이 많다."라는 말을 한다. 그런데 정보의 양을 어떻게 재는지 알고 있는가? 모르는 게 당연하다. 정보량의 측정을 이해한 것은 빨라야 2차 세계대전 이후이기 때문이다.

정보량의 측정이란 말은 맨 처음 2차 세계대전 발발 뒤 뉴욕에서 열린 비크맨 회의에서였다. 세계 정상급 과학자들이 참석하는 회의였는데, 1946년에서 1953년까지 조시아 메이시 기금의 자금 지원을 받아 뉴욕의 유서 깊은 비크맨 호텔에서 열었기에 비크맨 회의라 불렀다. 컴퓨터 분야에 크게 이바지한 수학자 존 폰 노이만과 튜링, 사이버네틱스를 제시한 노버트 위너, 정보론을 내놓은 섀넌 등이 대표적인 참석자로, 인류 역사상 **솔베이 회의**를 이은, 가장 똑똑한 사람들이 모인 화합의 장이었다.

> 솔베이 회의는 벨기에 기업가인 에르네스트 솔베이가 1911년 브뤼셀에서 연 회의다. 1910~1930년대 물리학이 폭발적으로 발전한 시기여서 플랑크, 퀴리 부인, 아인슈타인, 닐스 보어 등 일류 물리학자와 화학자가 참석했다. 따라서 솔베이 회의는 물리학 발전에서 중요한 입지를 차지한다.

정보란 무엇인가

1950년 3월 22.~23일 열린 회의에서의 관심 주제는 정보론이었다. 수요 발표자 새넌은 정보가 무엇인지 설명했다. 이전에 존 폰 노이만이 힘들게 기초를 깐 주제이 신 했지만, 사람들은 새넌의 발표를 듣고 충격을 받았다. 45년 전 아인슈타인의 상 대성 이론이 물리학계에 가한 충격에 버금갈 정도였다.

새넌은 정보의 의미는 중요하지 않으며, 사실 의미 없는 정보도 많다고 했다. 중 요한 것은 정보량이라고 주장했다. 이른바 정보란 세세한 내용이 아닌 불확실한 양 의 척도라는 것이다. 무슨 뜻일까? 예를 들어 보겠다.

월드컵이 열린 사이에 무인도에 갔다 돌아오니 우승팀이 결정되었다고 한다. 친 구에게 결과를 묻자, 맞춰 보라며 1원을 주면 답이 맞는지 틀리는지 알려 준다고 한 다. 이때 돈을 얼마나 써야 우승팀을 알 수 있을까? 이 돈의 액수가 바로 '월드컵 우 승팀'이라는 정보의 정보량이다.

축구팀에 1번부터 32번까지 번호를 붙여 보자. 미리를 쓰기 싫으면 1번 팀부티 32번 팀까지 하나하나 물어볼 수도 있다. 그럼 결국 답은 나오지만 내야 할 돈이 커 진다. '월드컵 우승팀'이 돈을 막 쓸 만큼 중요한 정보도 아니다. 그러니 이렇게 묻

는 편이 똑똑하다. "1~16번 중에 우승팀이 있어?"

만약 있다고 하면 이어 "1~8번 중에 있어?"라고 묻는다. 만약 없다고 하면 9~16번 중에 있다는 것이다. 비슷한 방법으로 물으면 다섯 번 만에 우승팀을 알 수 있다. 그러므로 '월드컵 우승팀'이라는 정보의 정보량은 5원의 가치를 가진다.

물론 섀넌은 돈이 아닌 '비트(Bit)'라는 개념으로 정보량을 쟀다. 1비트는 일의 자리인 2진법 수이다. '월드컵 우승팀'의 정보량은 5비트이다.

만약 축구를 좀 안다면 다섯 번까지 물을 필요도 없다. 프랑스, 독일, 이탈리아, 브라질, 아르헨티나 같은 팀이 우승할 확률이 크기 때문이다. 그럼 첫 질문에서 32개 팀을 두 조로 나눌 것도 없이, 우승 후보 몇 팀과 나머지 팀으로 구분한 다음 우승 후보팀 중에서 질문을 해도 된다. 우승 확률에 따라 우승팀을 찾을 때까지 반복한다. 이렇게 하면 세 번이나 네 번 만에 정답을 맞힐 수도 있다. 그러므로 팀별 우승 확률이 다를 경우 '월드컵 우승팀'이라는 정보의 정보량은 5비트보다 작을 수도 있다.

정보량 계산

섀넌은 '월드컵 우승팀'의 정확한 정보량을 다음처럼 나타냈다.

$$H = -(p_1 log_2 p_1 + p_2 log_2 p_2 + \cdots + p_{32} log_2 p_{32})$$

여기서 p_1, p_2 ... p_{32}는 32개 팀이 각각 우승할 확률이다. 섀넌은 정보량을 '정보 엔트로피'라고 불렀으며 이는 보통 H로 나타낸다. 어떤 한 사건 X에 대해서 만약 x_1, $x_2 \cdots$ x_k 가지 가능성이 있다면 X의 정보 엔트로피는 아래와 같다.

$$H(X) = -(p_1 log_2 p_1 + p_2 log_2 p_2 + \cdots + p_k log_2 p_k) = -\sum_{i=1}^{k} p_i log_2 p_i$$

사건 X의 결과를 정확하게 알려면 정보를 이해해야 하고, 이해한 정보량은 이 불확실한 사건의 정보 엔트로피보다 많아야 한다. 섀넌의 공식은 피타고라스의 정리 $a^2 + b^2 = c^2$, 뉴턴의 제2법칙 $F = ma$, 아인슈타인의 방정식 $E = mc^2$과 함께 인류에게 매우 중요한 공식 중 하나가 되었다.

엔트로피의 의미

섀넌은 왜 엔트로피로 정보량을 정의했을까? 두 가지 이유가 있다.

첫째, 엔트로피는 물리학자가 만든 열역학 개념으로 폐쇄된 시스템의 불확실성을 재는 데 쓸 수 있다. 즉 어떤 시스템이 혼란스럽고 불안할수록 엔트로피는 높고 반대로 질서 있다면 엔트로피는 낮아진다. 정보 시스템도 마찬가지다. 정보 시스템을 많이 알수록 엔트로피가 낮고 모를수록 엔트로피는 높다. 정보 시스템을 완벽하게 안다면 엔트로피는 0이고 전혀 모른다면 엔트로피는 최대치가 된다. 다시 말해 열역학 시스템과 정보 시스템은 굉장히 비슷하다.

둘째, 열역학의 엔트로피 공식과 정보에서 정의한 엔트로피 공식이 같음을 증명할 수 있다.

샤넌은 불확실성과 엔트로피라는 두 개념이 생기자 정보가 무엇이고 어떤 역할을 하는지 설명할 수 있었다. **이른바 정보란 시스템의 불확실성을 없애는 데 필요한 것이다.** 예를 들어 월드컵 우승팀을 알고 싶다고 하자. 결과를 모르므로 불확실한 상황이다. 이때 정보를 알면 불확실성이 사라진다. 아는 정보가 많아질수록 없어지는 불확실성도 많아지고 결과의 확실성은 높아진다. 물론 한 시스템의 불확실성을 완벽히 다 없애는 데 필요한 정보는 정보 엔트로피보다 많아야 한다.

《사기》의 정보량

샤넌의 정보 엔트로피를 핵심으로 한 정보론은 획기적인 의미가 있다. 원래 사람들은 암호화, 전송, 저장 등 정보를 처리할 때 이론적 근거 없이 그냥 직접 부딪혀 가며 알아갔다. 그래서 혼란스러운 일이 자주 일어났다. 안전할 것 같았던 비밀번호가 너무 쉽게 깨지거나, 전송할 때 정보가 없어지거나 오류가 생기는 경우가 생겼다. 하지만 정보론이 등장하자 정보를 효율적으로 암호화하고 저장, 전송하는 법을 알게 되었다.

예를 들어 엔트로피 계산 공식으로 50만여 자에 달하는 사마천의 《사기史記》의 정보량을 계산할 수 있다. 전체 정보량을 계산하려면 《사기》 속 한자 하나에 담긴 정보량이 얼마인지를 알아야 한다. 자주 쓰는 한자 7000자를 2진법으로 나타내려면 13개 2진법 자리가 필요하므로 13비트이다. 하지만 한자마다 쓰이는 횟수가 다르다. 앞의 10% 한자가 거의 95% 이상 쓰인다. 월드컵 참가팀의 우승 확률이 저마다 다른 것과 같다. 어떤 한자가 《사기》에 나올 확률을 정보 엔트로피 공식에 대입하면 5비트 정도로 한 글자를 나타낼 수 있다. 즉 《사기》 속 모든 한자의 평균 정보량은 약 5비트이다. 그러므로 《사기》의 정보량은 대략 50만 × 5＝250만 비트, 즉 320KB다.

《사기》의 정보량을 알면 코드를 짤 수 있다. 0과 1로 《사기》 속 한자를 코딩하면 250만 비트, 즉 320KB로 내용을 저장할 수 있다. 저장한 0과 1은 아무 의미 없지만, 《사기》 속 정보와 대응시킬 수 있다. 따라서 0과 1로 《사기》를 복원할 수 있다. 이것이 바로 오늘날 컴퓨터가 정보를 저장하는 방법이다.

《사기》를 저장하려면 저장 공간이 얼마나 커야 할까? 정보론의 방법대로 계산하면, 책을 압축하기 위해 320KB의 공간이 필요하다. 욕심내서 더 압축해도 가능할까? 답은 '아니다'이다. 정보 엔트로피가 최대한 압축할 수 있는 크기이므로 더 압축하지 못한다. 정보론의 규칙을 어기고 억지로 압축해서 얻은 정보량은 《사기》를 복원하는 데 충분하지 않다. 내용이 빠져 정확성이 떨어질 수 있다.

정보량을 재는 도구인 정보론이 생기자 이론적 근거가 마련되었고 정보 산업이 발전할 수 있었다. 정보 산업은 별로 복잡해 보이지 않는 정보 엔트로피 공식 위에서 만들어졌다.

밀레니엄 문제

앞으로의 수학 발전은
우리에게 달렸다.

생각하기 ?

어떤 밀레니엄
문제에 관심이
있는가?

인류는 등장한 이래부터 여러 수학 문제 풀이에 매달려 왔다. 중요도는 다를지언정 문제
가 일단 풀리면 학문은 크게 발전했다.

100년의 응답

1900년, 독일 수학자 다비트 힐베르트는 23개 수학 난제를 내놓았다. 당시 수학자가 수
학을 어떻게 생각하는지가 담긴 문제들이다. 100년 동안 17개는 완벽히 풀렸거나 부분적

100년 뒤 분들 힘내세요!

으로나마 풀렸나. 풀린 문제들은 과학 발전에 큰 도움이 되었다. 2000년, 미국 클레이 수학연구소는 세계 수학자대회에서 100년 전의 힐베르트에게 응답하는 의미로 7개 수학 난제를 발표했다. 문제 공개 전, 먼저 1930년 힐베르트의 퇴임 연설을 들었다. 힐베르트는 "우리는 알아야만 한다. 우리는 알게 될 것이다."라는 명언을 남겼다. 지치지 않고 미지를 탐구하는 인류의 노력을 나타내는 말이었다. 이어 미국의 두 수학자가 등장해 각각 3개, 4개씩 문제를 공개했다. 당시가 밀레니엄 해였기에 '밀레니엄 문제'라고 불린 이 문제들에 대해 클레이 연구소는 문제당 100만 달러의 상금까지 걸었다. 증명 과정이 절대 간단하지 않으므로 누군가 증명했다고 나서면 전문팀을 꾸려 2년의 심사를 거쳐 통과해야만 상금을 받을 수 있었다.

밀레니엄 문제는 마구잡이로 정한 것이 아니다. 문제와 연관된 분야, 기술의 발전과 긴밀하게 이어지는 것을 고려했다. 밀레니엄 문제가 풀리면 물리학, 컴퓨터 과학, 암호학, 통신학 등의 분야가 눈에 띄게 발전할 수 있다. 클레이 수학연구소는 문제를 고를 때 페르마 정리를 풀어낸 와일즈 등 세계 정상급 수학자에게 자문을 구했다. 수학 연구에 대한 대중의 관심을 불러일으키고 난제의 답을 찾도록 격려하기 위해 상금도 걸었다.

7개 밀레니엄 문제

푸앵카레 추측

유일하게 해결된
밀레니엄 문제이다.

NP 문제

컴퓨터의 계산 가능성과
관련된 문제이다.

3 호지 추측

수학 전문가가 아니라면 이해하기 어려운 문제이다. 1941
년에 영국 수학자 윌리엄 호지가 내놓았지만, 1950년 세계 수
학자대회에서 발표되기 전까지 관심을 거의 받지 못한 문제였
다. 호지 추측을 정확하게 설명하려면 머리 아픈 수학 개념을
여러 개 써야 하는데, 여기서는 푸앵카레 추측을 예로 들어 설명하겠다.

푸앵카레 추측에 따르면 단순 연결 영역의 도형은 구와 등가이다. 구는 괴상한 모양의
도형보다 훨씬 아름답다. 그러므로 구를 단일 연결 영역의 도형 중 가장 단순하고 다른 도형
과 비슷한 모양이라고 볼 수 있다.

우리는 고차원 공간이 어떤 모습인지 상상하기 어렵다. 3차원 공간에서 고차원 공간을
그릴 수 없기 때문이다. 하지만 수학에서는 다양한 고차원 공간을 설명할 수 있다. 어떤 방
식으로든 연결될 수 있는 고차원 공간, 구멍이 있을 수도 있는 고차원 공간 등 다양한 고차
원 공간이 있다. 호지 추측은 다른 고차원 공간들과 비슷하고 '아름다운' 고차원 공간을 만
들자는 내용이다. 호지 추측이 성립하면 해석함수의 미적분을 써서 다양한 고차원 공간들을
연구할 수 있다. 간접적으로나마 그리기 힘든 고차원 공간의 모양과 구조를 이해할 수 있다
는 뜻이다.

호지 추측은 밀레니엄 문제이자 2008년 미국 방위 고등연구계획국(DARPA)에서 정한
23개 도전적인 수학 문제에도 들어간다.

리만 가설은 아직 풀리지 않은 힐베르트 문제이기도 하다. 리만 추측은 소수 분포를 연구하는 것으로 오늘날의 암호화에 큰 의미가 있다.

이 문제의 뜻은 신경 쓰지 않아도 된다. 두 가지만 강조하고자 한다.

5 양-밀스 가설의 존재와 질량 간극

첫째, 양전닝과 그의 제자 밀스가 함께 내놓은 문제로 양-밀스 정리라고도 불린다. 양-밀스 이론의 핵심은 비선형 편미분방정식, 즉 양-밀스 방정식이다. 양-밀스 방정식들에 유일한 해가 있음을 증명하는 문제로, 만약 해결되면 이론 물리학의 수학적 기초를 다지는 데 도움이 된다. 다시 말해 수학적으로 완벽한 양자 게이지(guage) 이론이 존재할 수 있는지와 관련 있다.

둘째, 물리학자들은 보통 이 문제가 맞다고 믿는다. 양-밀스 이론을 기초로 연구하여 노벨상을 받은 물리학자도 있다. 하지만 이 문제가 풀릴지는 그리 희망적이지 않다. 수학계에서는 이 문제가 너무 어렵다고 생각한다.

나비에-스토크스 방정식의 해의 존재와 매끄러움

유체역학 문제인 나비에-스토크스 방정식은 액체와 공기 등 유체 운동의 편미분방정식이다. 19세기의 프랑스 공학자이자 물리학자 클로드 루이 나비에와 아일랜드 물리학자 조지 스토크스의 이름에서 따왔다.

유체역학에서는 흔한 유체를 뉴턴 유체라고 한다. 뉴턴 유체의 변형과 유체의 점성, 단위 넓이당 받는 압력, 내부 응력은 일정한 관계를 만족한다. 유체의 어떤 부분이 힘을 받는 현상을 나비에-스토크스 방정식으로 설명한다. 현실의 유체 관련한 물리 현상은 모두 나비에-스토크스 방정식으로 설명할 수 있다. 예를 들어 날씨 시뮬레이션, 해류, 파이프 속 물살, 항성 운동, 비행기 날개 주변의 기류, 인체의 혈액 순환, 액체 분석, 기체 오염물의 전파 효과 등이 있다. 하지만 나비에-스토크스 방정식은 해석해(analysis solution)가 없다. 지금까지는 없었다. 공식을 써서 나비에-스토크스 방정식을 풀 수 없다는 뜻이다. 현재는 대형 컴퓨터로 수치해(numerical analysis)를 구한다. 즉 특정 문제를 두고 오차 범위를 넘지 않는 근사해(approximate solution)를 구한다.

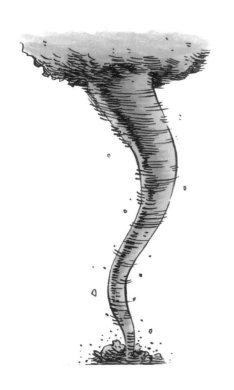

나비에-스토크스 방정식의 해의 존재성과 매끄러움 문제는 해석해를 찾으려는 것이다. 해석해를 못 구해도 위에 나온 해들의 기본 특성을 알아 두면 좋겠다.

버츠와 스위너톤-나이어 추측

버츠와 스위너톤-나이어 추측은 타원곡선 문제이다. 타원곡선은 수론 연구에서 중요한 부분이다. 앤드류 와일즈가 페르마 정리를 증명할 때 썼던 도구도 타원곡선이었다. 비트코인 암호화도 타원곡선을 이용한다. 타원곡선으로 해를 검증하는 데 걸리는 시간과 해를 구하는 데 걸리는 시간에 차이가 발생하는 것을 바탕으로 암호화된다. 그러므로 7번 문제는 확실한 응용 분야가 있다.

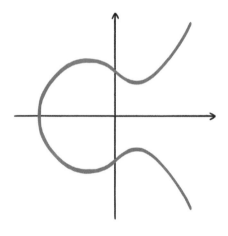

밀레니엄 문제를 통해 알 수 있듯이 이론성이 강한 순수 학문 연구는 인류가 직면한 현실 문제와 관련 있다. 밀레니엄 문제 중 3개는 컴퓨터 암호화와, 나머지는 우주학, 역학 등과 연관된다. 쓸모없고 머리만 아파 보이는 연구가 사실은 현실에서 상당한 영향을 미치고 있는 셈이다. 밀레니엄 문제는 하나같이 다 어렵다. 푸앵카레 추측만 증명되었고 나머지 문제들은 해결까지 갈 길이 멀어 보인다. 하지만 언젠가 해결될 것이라 믿는다. 여러분이 그 주인공이기를 바란다.

마치며
"우리는 알아야만 한다. 우리는 알게 될 것이다!"

클레이 수학연구소가 2000년 세계 수학자대회에서 7개 밀레니엄 문제를 발표하면서 1930년에 수학자 힐베르트가 퇴임할 때 했던 연설의 녹음을 틀었다. 이는 수학 발전사를 정리하고 수학의 미래를 내다보는 연설이었다.

힐베르트는 보기 드문 만능형 수학자였다. 평생 동안 수학의 여러 분야(특히 기하학)를 명확한 진리로 인정되는 공리로 만들려고 애썼고 나아가 수학을 통일된 체계로 세우려고 노력했다. 20세기의 양자역학과 상대성 이론 전문가들 중에는 힐베르트의 제자거나 제자의 제자가 많았다. 그중 가장 유명한 사람이 존 폰 노이만이다.

1926년, 하이젠베르크가 괴팅겐대학에서 물리학 강의를 하면서 양자론을 두고 슈뢰딩거와 의견이 엇갈린다고 했다. 당시 예순을 넘긴 힐베르트는 조수인 노드하임에게 하이젠베르크의 강의 내용을 물었다. 노드하임이 논문 한 편을 가져왔지만, 힐베르트도 이해하지 못했다. 사실을 안 존 폰 노이만이 며칠을 들여 논문을 힐베르트가 사랑해 마지않는 수학의 언어와 공리로 바꾸자 힐베르트는 기뻐했다. 하지만 힐베르트가 퇴임한 1931년, 절망스러운 일이 생겼다. 스물다섯의 청년 수학자 괴델이 수학은 완벽성과 일치성을 동시에 만족할 수 없다는 사실을 증명했기 때문이다. 이로써, 힐베르트의 수학을 통일된 체계로 만들겠다는 꿈은 산산조각이 났다.

예순여덟이 된 1930년, 퇴임을 맞이한 힐베르트는 고향 쾨니히스베르크의 '명예시민' 자격을 기꺼이 받아들였다. 명예시민 수여식에서 〈자연과학(지식)과 논리〉라는 제목으로 연설한 그는, 방송국의 요청으로 수학과 관련된 뒷부분만 다시 한번 짧게 발표했다.

힐베르트는 연설에서 이론과 현실, 두 관점에서 수학이 인류가 지식 체계를 세우고 산업 발전을 이루는 데 얼마나 중요한 역할을 했는지 설명했다. 그는 당시 유행하던 '문명의 몰락'과 '우리는 모를 것이다(불가지론, 不可知論).'라는 생각에 반대했다.

4분 정도의 연설에 힐베르트의 낙관적인 태도와 열정이 듬뿍 담겨 있다. 마지막 말 "우리는 알아야만 한다. 우리는 알게 될 것이다!"의 울림은 지금까지도 생생하다. 힐베르트의 언설로 이 책을 마치려고 한다.

이론과 현실, 사상과 관찰이 조화를 이루도록 만드는 도구가 바로 수학입니다. 수학은 다리로서 이론과 현실, 사상과 관찰을 이어 주고 더 단단하게 만듭니다. 따라서 현재 우리의 문화기 이성을 이해하고 자연을 이용하는 것 모두 수학 위에서 이루어집니다. 갈릴레오는 인간이 자연과 소통하고 자연을 이해하려면 그 언어와 기록을 배워야 한다고 했습니다. 자연의 언어가 수학이고, 자연의 기록이 수학 부호라고 말이지요. 칸트는 "자연과학 중에서 오직 수학만이 완벽히 순수한 진리로 만들어진 학문이다."라는 명언을 남겼습니다. 사실 자연과학에 있는 수학적 핵심을 떼어 내 낱낱이 펼쳐야만 그 과학을 완벽하게 이해할 수 있습니다. 수학이 없으면 오늘날의 천문학과 물리학도 없습니다. 이런 학문의 이론에는 수학이 녹아 있습니다. 그래서 수학은 여러분이 응용과학을 찬양하는 것처럼 사람들 마음속에서 높은 위치를 차지하고 있습니다.

하지만 수학자들은 응용성을 수학의 가치를 판단하는 척도로 생각하지 않습니다. 수론이 일류 수학자가 가장 사랑하는 연구 분야가 된 이유는 마법 같은 매력이 있기 때문입니다. 수론의 매력은 다른 수학 분야를 뛰어넘을 정도로 끝이 없습니다. 크로네커는 수론 연구자를 로터스(먹으면 황홀경을 느낀다는 상상의 열매)를 먹은 사람에 비유했습니다. 일단 이 열매를 먹은 사람은 절대 벗어날 수 없습니다.

톨스토이는 '과학을 위한 과학'은 어리석다고 말했지만, 위대한 수학자 푸앵카레는 이런 의견에 강하게 반박했습니다. 이익을 좇아 머리를 쓰는 사람만 있고 이익과 상관없이 과학을 연구하는 '바보'가 없었다면 산업이 오늘날처럼 발전할 수 없었을 겁니다. 쾨니히스베르크의 유명 수학자 야코비는 이렇게 말했습니다. "인류의 정신을 영광스럽게 만드는 것이 모든 과학의 유일한 목적이다."

요즘 짐짓 진지한 표정과 거만한 말투로 문명의 몰락을 예언하고 "우리는 모를 것이다."라는 생각에 빠진 사람들이 있습니다. 우리는 절대 동의하지 않습니다. 우리에게 알지 못할 것은 없습니다. 자연과학도 마찬가지라고 생각합니다. "우리는 모를 것이다."라는 어리석은 생각을 이런 구호로 대신하겠습니다. **"우리는 알아야만 한다. 우리는 알게 될 것이다!"**